無人島研究と冒険、半分半分。

川上和人

南硫黄島の地図

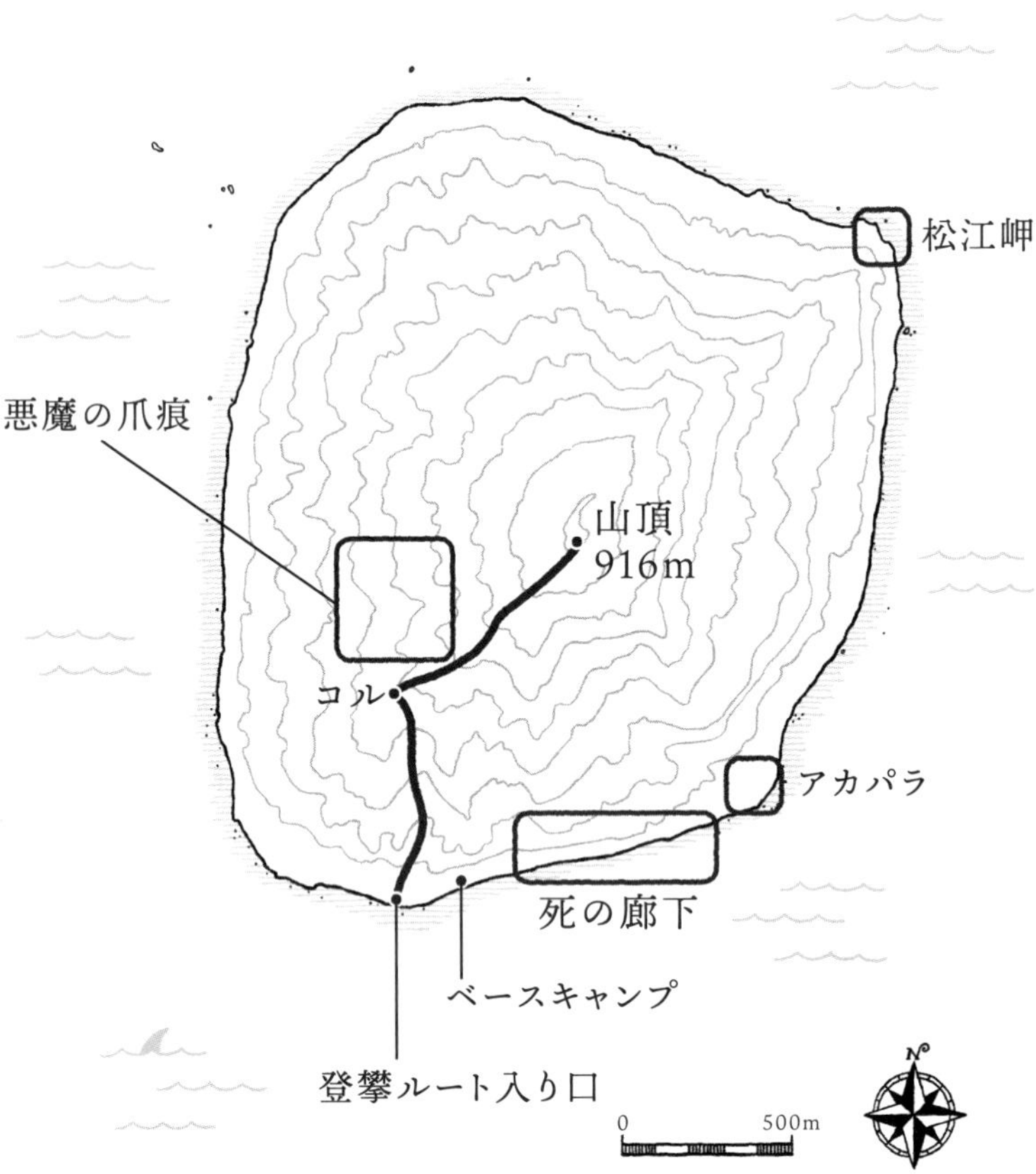

松江岬
悪魔の爪痕
山頂
916m
コル
アカパラ
死の廊下
ベースキャンプ
登攀ルート入り口
0
500m
N

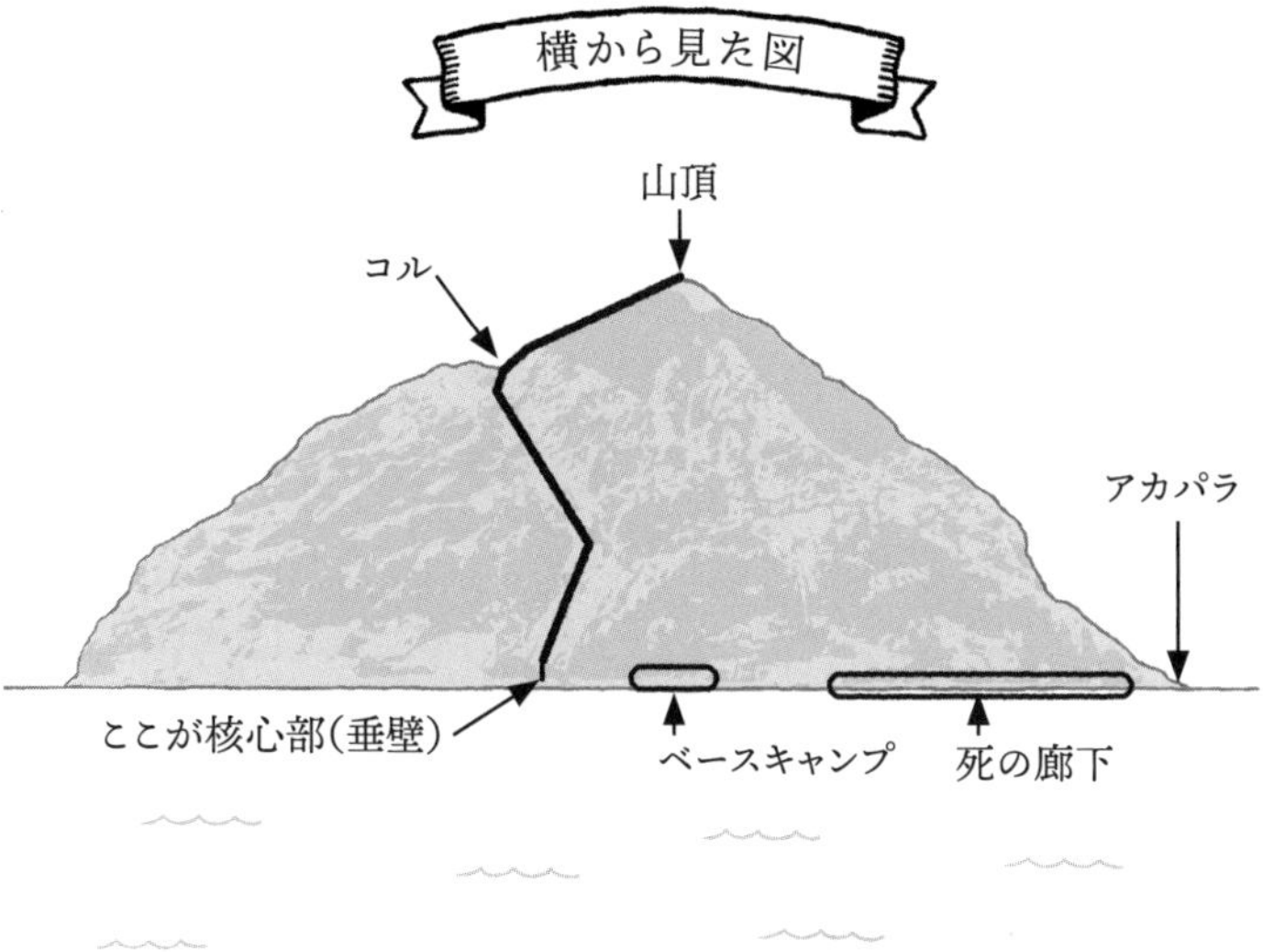
横から見た図
山頂
コル
アカパラ
ここが核心部(垂壁)
ベースキャンプ
死の廊下

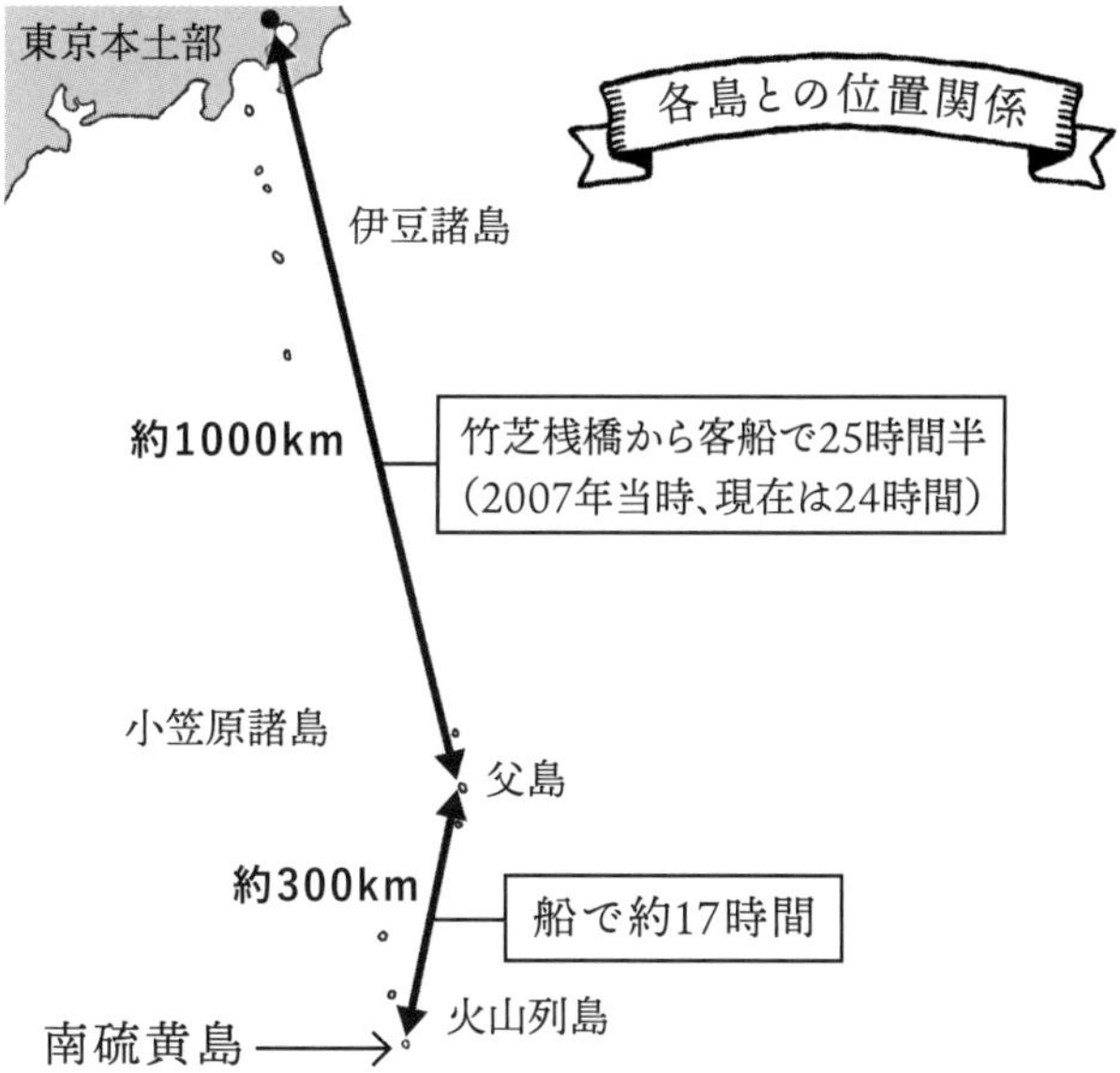
東京本土部
各島との位置関係
伊豆諸島
約1000km
竹芝桟橋から客船で25時間半
(2007年当時、現在は24時間)
小笠原諸島
父島
約300km
船で約17時間
火山列島
南硫黄島

目次

第2部 熟考・ここが天王山編

第3部 灼熱・宴もタケナワ編

はじめに

世の中には、二種類の人間がいる。

茶柱が立つのをただ安穏と待つ人間と、自ら茶柱を立てにいく人間だ。

確かに、待っていれば茶柱はいつか立つかもしれない。私も昔はそんな人間の一人だった。しかし、本当にそれでよいのかと自問自答を繰り返し、眠れぬ夜を過ごした。もしかしたら眠れなかったのは緑茶に含まれるカフェインのせいかもしれないが、いずれにせよ私は、茶柱を立てることを選んだ。


それほど難しいことではない。必要なものは、茎の多い茶葉とほんの少しの勇気だけだ。まずは約80度の湯を沸かし粗めの茶こしでお茶を入れれば、湯呑みの中にはお茶の茎が浮かぶだろう。しめしめとこの茎を取り上げ、素知らぬ顔で茎の一端を軽くつぶす。あくまでも自然に、神様に気取られぬようことを運ぶ。

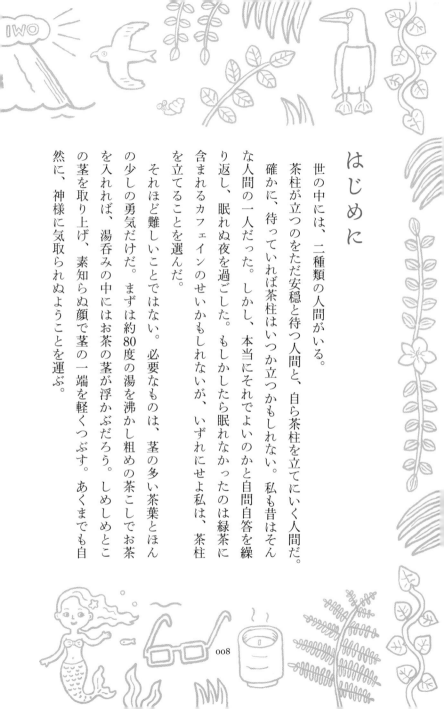

つぶれた茎は密度が高くなり、沈もうとする。もう一端は軽いままなので表面に浮く。これで人造茶柱の完成だ。天然物に比べると効力が弱いかもしれないが、立たないよりはマシである。

これでひと安心。あとは、神様が願いを叶えてくれるのを待つだけだ。神だのみをしている点で受動的に見えるかもしれないが、これは能動的受動性である。茶柱を待つだけの受動的受動性に比べれば積極的である。天は自ら助くる者を助くのだ。

この例からもわかるように、緑茶には二つの側面がある。第一に、水分補給としての実用的側面。第二に、神様に願いを叶えてもらう呪術的側面だ。これら二つの側面は、互いに矛盾するものではなく、両立するものである。わたしたちは水分で渇きを癒しながら、同時に茶柱で将来を占うことができるのだ。

緑茶に限らず、物事が二つの側面を持つことは珍しくない。

さて、私は鳥類学者である。

本書では、私がゆかいな仲間たちとともに南硫黄島という無人島で行った調査と研究について紹介したい。南硫黄島は本州から南に約１２００㎞の位置にある絶海の孤島だ。行政的には東京都小笠原村に属している。

この島は過去に人が定住したことがなく、人為的な撹乱《かくらん》を受けていない。このため、原生の生態系が維持されており、これを保全するため調査研究といえどもみだりに立ち入ることが制限されている。こんな場所は日本には他に存在しない。

この島の自然が保存されてきた背景にはとても合理的な理由がある。人類はこの島の自然を守ったのではなく、どちらかというと手が出せなかったのだ。

南硫黄島は半径約１㎞、標高約１㎞の小島である。これは平均傾斜45度の急勾配の島ということを意味する。45度は四捨五入すると50度である。50度は四捨五入すると１００度である。１００度といったらすでに垂直を超えており、この島の地形の厳しさを如実に示している。さらに、島の周囲は数百ｍの崖で囲まれた天然の要塞となっている。この圧倒的な障壁が外部からの侵入を許さなかった。

世の中のアプローチしやすい場所では、たいがい調査が進んでいるものだ。だからこそ、近づきがたい高嶺の花的な場所には未知の要素が多く残されており、研究対象として高い価値を持っている。

日本の島の多くは過去に人間の影響を受けており、手付かずの自然が残る場所はほとんどない。半径１０００㎞以内に他の陸地が存在しない南鳥島でさえ、過去には海鳥の捕獲のために多くの人が入植したため、往時の生態系は破壊的影響を受けている。人為的な撹乱のない原生の生態系の姿を残す南硫黄島は、極めて貴重な調査地なのである。

緑茶に二面性があるのと同様に、そんな南硫黄島の調査にも二つの側面がある。

それは自然の持つ価値を解き明かす「研究的側面」と、厳しい自然環境に挑む「冒険的側面」だ。

研究と冒険は本来別物だ。しかし、この島では両者は分かちがたく、同時に存在している。それゆえに、本書はその両面を主題としたい。

「トイレはどうするんですか？」

貴重な自然環境を持つ場所を調査する上で、しばしばそんな質問を受ける。これはとても良い質問である。

トイレの話題は一般に敬遠されがちである。とはいえ、生きていれば行きたくなる。調査成功祈願の茶柱を立てるため、ガブガブと緑茶を飲んだ後なら尚更だ。これは動物として自然で普通でやむを得ないことだ。それゆえに、ここに南硫黄島自然環境調査隊の調査方針が反映される。

先に述べた通り、南硫黄島は過去に人為的影響を受けたことがなく、原生状態の生態系を維持している島だ。ひと言でいうとピュア島だ。これはすなわち、研究対象として高い価値を持つことを意味する。同時に、調査によってその価値を劣化させてはならないことも意味する。

そこで象徴的な課題となるのが、おトイレの御作法だ。たとえばここでの懸念の一つが種子散布である。私たちは普段の生活の中でしばしば種子を含む果実を食べる。トマトもブルーベリーも遠慮なく種子ごとお皿を彩るし、南硫黄島を含む小笠原諸島ではパッションフルーツが真っ盛りだ。

このような植物の種子が原生生態系の自然下で拡散し、外来種として野生化すれば、島の自然が持つ価値が低下してしまう。

種子だけでなく、おトイレはさまざまな物質を生態系内に拡散する。ついでながら、原生の島はなんとなく神々しくて、なんだか無礼を働いてはいけない気がする。

いずれにせよ、南硫黄島は可能な限り自然なままに維持するのがふさわしい。このため固形物は携帯トイレで持ち帰るのがルールとなっている。

一方で、小用はその限りではない。こちらは天気が良ければ速やかに乾燥し、雨が降れば限りなく希釈され雲散霧消する。そもそも自然環境を撹乱する有害な成分はほぼ含まれておらず、一時的な滞在なら量もたかが知れている。

絶対に影響がないとは言い切れないが、現実的なリスクは低いはずだ。調査隊を機能的に運用するためには許容範囲という判断だ。

調査にともなう自然への影響は、おトイレだけではない。歩けばそこには小径ができる。動植物を採集すれば、その分だけ数が減る。

人間不在こそ自然を自然のままに保存する最大の方策だ。とはいえ、そこには研究対象となる自然がある。これを理解したいという欲求はエゴイスティックなものだが、知的好奇心こそ人を人たらしめる要素である。

自然を対象とする研究者は、もちろん自然を保全したいと考えている。一方で、多少なりとも自然を破壊するにもかかわらず、研究の衝動に抗うことができない。このため、人為的なインパクトを最小限に抑えながら最大限の成果を得ることが、調査における重要ミッションとなる。

成果を最大化するためとはいえ、不可逆的な影響を与えたらミッションは失敗だ。インパクトを最小限に抑えたがために成果が得られなかったら、やはりミッションは失敗だ。

亜熱帯の生産力の高さを考えると、踏み分け道はすぐに回復するだろう。ある程度の個体数がいれば、少数の採集は自然に死んでいく個体数の誤差の範囲に含まれるはずだ。

ゼロでもイチでもなく、白でも黒でもない。その間にある綺麗な灰色でバランスよく成果を彩ることが野外研究の成功の姿だ。

南硫黄島はその地形の厳しさのおかげで、山頂を含む調査はこれまでに１９３６年、１９８２年、２００７年、２０１７年の４回しか実施されたことがない。

私は４回の調査隊のうち２００７年と２０１７年の２回に参加した。これらは東京都が中心となって実施された自然環境調査だ。本書ではその経験に基づき、学術論文に書かれることのない調査の実態について紹介したい。

なお、本文では調査に参加した多くの隊員たちを無断で登場させている。ここで描写された彼らの言動は、私の印象とうろ覚えの記憶に基づいている。

時には、他の場所で言ったことを、ちょっと脚色して別のところで言わせたりしている。誤解や恣意的な解釈、記憶違いも含め、ここに登場する全ての言動は私の責任の下にあり、本人には何の責任もない。

また、イメージを優先して２０１７年の写真を２００７年の話題に添えたところもある。大切なのは正確性よりもニュアンスとメッセージ性だと割り切って書いたので、若干の演出はご容赦いただきたい。

また、人間関係が生々しくなるのを避けるため、隊員たちの名前は全て敬称を省略しカタカナ書きとした。そうすることで実名ではなく仮名っぽさが出ることを期待している。なお彼らは大切な仲間であり、尊敬すべきプロフェッショナルであることをここに申し添えておきたい。彼らの活躍がなければ、この本が執筆されることはなかった。

さぁ、研究と冒険の世界の幕開けだ。

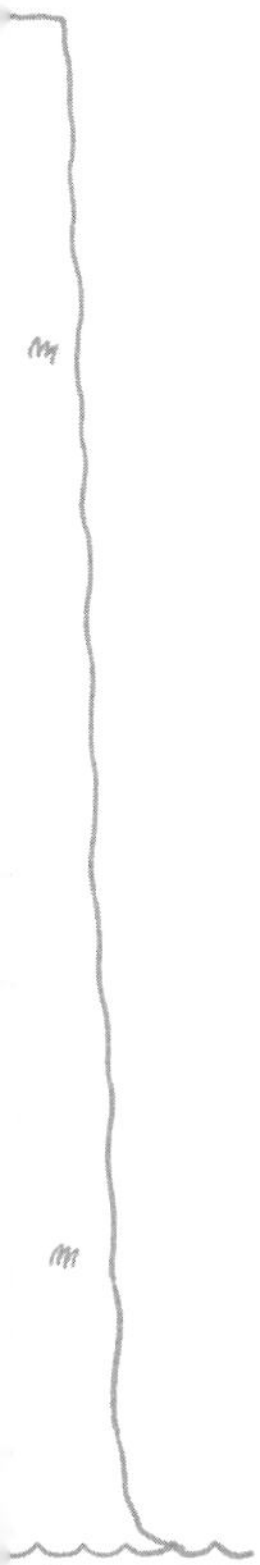

第1部 探険・はじめまして編

［1］上陸と幕営と始まりの始まり

漆黒のウェットスーツに身を包み、調査船からゴムボートに乗り移る。

日焼けした船長が厳しい表情を浮かべてボートを操る。

沖からは荒波が押し寄せる。

海岸まで残り50m、これ以上近づくと転覆の危険がある。

シュノーケルをくわえてタイミングをはかる。

「今だ！　飛び込め！」

船長の声をきっかけに、海面に映る太陽に向けて体を投げ出す。慎重に、迅速に。

フィンで水を蹴り、荒波に揉まれながら一直線に陸地を目指す。次の瞬間、突如海中から巨大ザメが出現し、仲間を丸呑みにする！

「ここは俺に任せて、先に行け！」

相棒がサバイバルナイフを片手にサメに挑む。

私は振り返ることなく、必死で泳ぎ続ける。

汀線に投げ出され、立ち上がり、陸に一歩を踏み出す。砂浜に転がり空を見上げる。

照りつける太陽、波立つ海、背後に迫る崖。

悲しむのは後にしよう。

日本最後の秘境、南硫黄島の探検がいよいよ始まる。


そんな上陸シーンを思い描いていた。いや、期待していたと言ってもよかろう。だって、その方がドラマチックですもの。

ただし、小説は事実より奇なりだ。

２００７年6月17日、私は調査船上から初めて南硫黄島を見た。この瞬間、世界に存在するのは青い海と青い空と、海上にそびえる超巨大なアポロチョコレートのシルエットだけだった。それが南硫黄島だ。

いや、アポロというよりは、どちらかというと「きのこの山」のカサ部分に似ているかもしれない。いずれにせよ手頃な三角のとんがりを標高９１６ｍにそのまま拡大したような島である。

それはさておき、初対面の私と島の間に広がっていたのは、荒波ではなく穏やかな海だった。おかげさまでボートは海岸のすぐ近くまで接近できる。海に足をつけると、深さは子供用プールほどしかない。小学生用ではなく、未就学児用のプールである。フィンをつけるまでもない。

もしかしたら移動中のボートから落ちるかもしれないし、無念を抱えて海中に隠遁している諸先輩方がひしゃくを御所望になるかもしれない。そんな不安からマスクを装着しシュノーケルをくわえ、威風堂々と上陸する。周りから見たらさぞかし滑稽な姿だったろう。しかし、第三者に滑稽な目で見られて無用な恥をかく心配はない。なぜならば、南硫黄島は人目のない絶海の無人島だからだ。

この島は、周囲を崖に囲まれた過酷な地形と厳重な立ち入り制限ゆえに、上陸調査がほとんど行われたことがない。山頂を含む調査は、過去46億年間で1936年と1982年の2回だけだ。23億年に1回と考えると、いかに調査がされていないかが実感できる。

前回調査から25年を経て、東京都と首都大学東京により自然環境調査が行われることとなった。晴天微風の快適な朝に、総勢23名の隊員が参加した調査隊の記念すべき上陸がなされた。

25年は長い。一年魚のアユならば25回も世代交代し、初代なんてもはや伝説の存在である。この間に手塚治虫さんは他界し、ちびまる子ちゃんの連載が始まり、バブルが崩壊し、南硫黄島の存在は一般の人から忘れられていった。

一方で、生物の調査手法や分析技術はたゆまず発展している。四半世紀ぶりの調査は、科学の世界に新たな知見をもたらすに違いない。

日本最後の秘境、南硫黄島の探検がいよいよ始まる。

☞荷揚げ

東京都品川区の竹芝桟橋からおがさわら丸に乗り、約１０００kmを25時間半かけて小笠原諸島の父島に到達する。そして、父島から調査船に乗りさらに約３２０km南下する。南硫黄島の前に到着したのは午前3時、新月のため周囲は暗く、まだ何も見えない。午前5時、太陽が昇って明るくなると、南硫黄島の威容が目に入る。

南硫黄島の地形は極めて単純であり、かつ特殊だ。島の周囲は数百mの崖で囲まれており、難攻不落の天然の要塞を形成している。身長1万mの巨人が標高１０００mの山を使って山崩し棒倒しゲームをしたら、三手目ぐらいできっとこんな形になるはずだ。そして崖の周囲には、ちょっとおしゃれなメロンパンの周囲に垂れたわずかなクッキー生地のように、奥行き20mほどの海岸が張り付いている。

まず私たちは船で島を周回し、上陸ポイントを選定した。事前の調査により島の南部が上陸に最適と判断していたが、当日の波の状況次第では上陸場所を変更することもあり得る。幸いにもこの日は波が穏やかだったので、当初の予定通り南部からの上陸に決定した。

上陸地点が決まると、ダイバーチームが上陸用のガイドロープを設置する。

世の中には「天然の良港」と称される地形がある。簡単にいうと湾になった地形だ。湾ならば、外海から大きな波が打ち寄せるリスクが減り、船を岸に近づけやすくなる。

しかし、南硫黄島はほぼ円形の島であるため、都合のよい湾も入江もない。もちろん、無人島なので桟橋もない。島の周囲は浅瀬になっていてサンゴ礁が発達しており、大型の調査船は島に近づくことができない。そこで調査船は海岸から離れたところに投錨《とうびょう》して固定し、島へのアプローチはゴムボートで行う。

ゴムボートとはいえ、手漕ぎではなく船外機を積んだ頑丈なものだ。これなら波の穏やかさ次第でそれなりに島に近づける。とはいえ、それでも海岸近くにはサンゴや岩がたくさんあり、岸に直接アプローチすることはできない。

そこで、陸から海に向けてロープを設置し、これを伝いながら上陸するのだ。陸上では巨大な岩にロープを固定し、反対の末端は重たい錨《いかり》に固定して海底に沈める。ロープには大きなウキをつけてあるので海面に浮かんでいる。

多少波があっても、このロープに捕まっていれば流されることはない。調査期間は2週間。日によっては海が荒れることもある。陸上と船を安全に行き来するためには、このロープがまさに命綱となるのである。

南の島の海岸は、白い砂浜であるべきだ。行ったことはないが、パラオもセーシェルもボラボラ島もだいたいそんなだろう。ついでにカクテルとリクライニングシートがセットになっていれば、もう言うことはない。

だが、南硫黄島にはその全てが欠けている。

超巨大アポロチョコ

私たちが上陸した海岸は理想とはほど遠く、黒い玉石でできている。波に洗われて丸くなったシャレコウベサイズの黒石が積み重なっているのだ。水際から崖下まで、ずっと玉石だ。おかげさまで平らな場所なぞ一つもない。

もちろんそれぞれの石は固定されているわけではない。歩くたびに玉石がごろごろと転がり、歩きにくいったらありゃしない。波が打ち寄せると石がガラガラと暴れ回り、遠くに響く雷鳴のような音を立てる。そんな海岸に寝転がったら全身のツボが刺激されて無闇矢鱈と健康になりそうだ。

とはいえ、私たちは療養やバカンスに来たわけではない。約2週間という限られた時間の中で25年分の調査を行わなくてはならないのだ。初日のミッションは、翌日からの調査のため、生活する体制を整えることにある。

無人島生活というと、なんだかアウトドアレジャーみたいで楽しそうに聞こえるかもしれない。しかし、レジャーとしてのキャンプと調査におけるキャンプでは、意味が全く異なる。前者の場合は、キャンプそのものが目的である。このため、楽しくキャンプができればそれで成功である。夜のバーベキューにそなえて串に肉を刺しながら、「ＢＢＱって何の略なんだろね？」とかおしゃべりしていれば合格だ。

しかし、調査におけるキャンプはあくまでも目的を達成する手段でしかない。調査生活は、安全かつ快適に過ごせる環境をつくることから始まる。

最初の作業は、荷揚げである。

今回の調査では、総計１・６ｔの物資が持ち込まれた。

この島には淡水を供給してくれる川も池もコンビニもないため、水を現地調達することはできない。使用する全ての水を運ばなくてはならないのだ。水は一人１日４Ｌ計算で、さらにいざという時の予備を含め１１０４Ｌが用意された。それだけですでに小型車１台分の重量を超える。食事は６３０食分にのぼる。

これに加えてキャンプ道具や登攀《とうはん》器具、ロープ、ハシゴ、常備薬、無線など多種多様な荷物が加わる。物資が大量になると荷揚げをするだけで消耗してしまう。このため共用の道具以外の調査器具や着替えなど個人で持ち込むものは、一人当たり15kg以内に制限することとなった。

今回の調査は約2週間である。たったそれだけを過ごすのにも、山盛りの物資が必要なのだ。

ゴムボートは母船とガイドロープの間を何十往復もして、大量の荷物を運ぶ。荷物は発泡スチロールの箱や防水バッグに入れて、水に浮くようにしてある。箱やバッグに入らない大きなものには、ウキをつけて浮かびやすくする。

隊員は海中から陸までロープに沿って並び、ボートから下ろされた荷物を受け取って、バケツリレーの要領で荷揚げを行うという寸法だ。

今回の調査隊には、プロのダイバーが2名参加している。テツヤとヨウスケだ。彼らに加え普段から小笠原の海を泳ぎ慣れている隊員たちが、海中で物資を受け取る。彼らはそれを陸に向けて手渡ししていく。ずっと泳いでいなくてはならないのは大変だが、浮力のおかげで荷を移動するのは比較的簡単である。

しかし浅瀬になると、荷物を持ち上げなくてはならない。陸上では足場の悪い中で次々に到着する荷物を受け取り、さばいていく。後ろの方になるにつれ、人員不足で一人当たりの受け持ち距離が伸びていく。

ここは島の南側の海岸だ。日陰はなく、亜熱帯の日差しが容赦なく照りつける。熱中症を警戒して水を補給しながら、無限に運ばれるペットボトルを浜の奥に山積みにしていくのだ。

この時点で南硫黄島に到着している隊員は18名だった。18名で1・6tということは、一人当たり100kg弱である。そのぐらいなら、何回かに分ければ簡単に運べそうな気がする。しかし、どこで計算を間違ったのかはわからないが、バケツリレー方式だと結局は全員がそれぞれ1・6t分を運ばなければならない。なんだかラクになったのかラクになってないのかよくわからないが、深く考える余裕はない。

「ラストー！」

太陽が天頂に達した頃、最後の荷物が陸揚げされた。

荷揚げが終わったら、山に向かってみんなで整列する。山の神様へのご挨拶だ。

私たちは研究のための調査という大義名分を持ち、行政的な許可を得てこの島に来た。しかし、島に棲む生物たちにとっては外から来た闖入者《ちんにゅうしゃ》である。まずは島の主に非礼を詫び、滞在の赦《ゆる》しを乞うのが御作法というものだ。

「調査が安全に進みますように」

「天気が悪くなりませんように」

「あわよくば、ラクして良い成果が上がりますように」

みんなで手を合わせ、それぞれが心の中で祈りを捧げる。

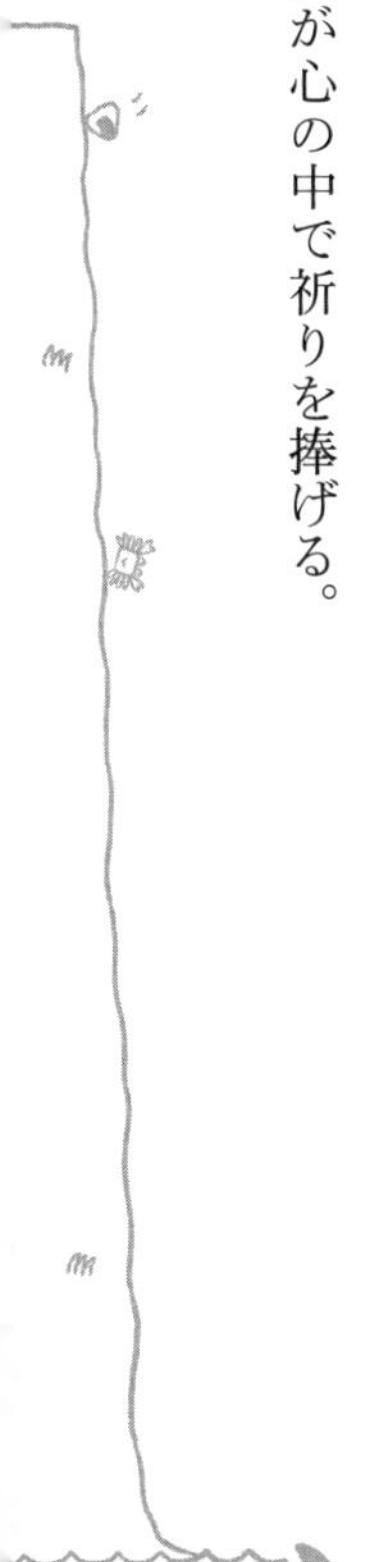

☞南硫黄島一直線の法則

これだけ働いたら、もう一日の労働は終わりにしてもいいような気がする。しかし、ようやく準備の準備が整っただけで、まだ何も始まっていない。

次はベースキャンプの設営である。ここが調査の起点となる。

持ち込んだ荷物の量を考えると、ベースキャンプは上陸地点の近くが良いに決まっている。というか、それ以外の場所まで荷物を担いで行くのは不可能だ。まずここには大きなタープを設置して、休憩できる日陰を作る。

幕営地点が島の南部の海岸ということは、日の出から日の入りまで、ずっと太陽にさらされるということだ。人工日陰がないと、日

新鮮な落石

焼けしてお肌にシミができてしまう。

　タープを立てたら、食料やファーストエイドキット、バッテリーなど、高温になると困るものをその下に格納していく。これでひと安心だ。

　次は、各人が眠るためのテントの設営だ。タープにしろテントにしろ、設営をする上で大切なことがある。それは、休憩中や就寝中にうっかり死なないことである。

　背後に控える高さ200mの断崖は、一定の時間間隔で落石を発生させる。時には小指の先ほどの、時には巨人の小指の先ほどのサイズの石が落ちてくる。万が一テント内で寝ている時に降ってきたら大変なことになる。

　そこで、テントを張る前には、地上の状態

を確認するのがセオリーである。丸い石ばかりが落ちている場所は、安全な場所だ。なぜならば、石の周囲が削られて丸くなるほど長い時間地上にあったことを意味しているからだ。しかし、角が尖った石が落ちていれば、そこで近い過去に落石があったことを示している。

そういう目で周囲を見回してみると、崖のほど近くには角張った石がたくさん落ちている。もちろん調査隊員たちは、熟睡しながら寝返りをうって偶然落石を避けるイメージトレーニングもしてきているが、おそらく役に立つまい。テントは、崖下から一定の距離をとって設置するのが無難である。

さて、テントを張ったはいいが、薄いシートの下はゴロゴロの玉石である。しかも、玉石は昼間の灼熱の太陽でアッツアツに熱されている。こんなところで寝たら、遠赤外線でじっくり美味しくグリルされ、注文の多い料理店南硫黄島支店が初出店してしまう。

「おーい、ミナミイオウえもーん。たすけてよー」

てってれー。

「おりたたみベッドー！」

島の環境は事前に把握していたため、我々はキャンプ用の折り畳みベッドを島に持ち込んでいた。一つのテントに二つのベッドを入れ、即席ツインルームを作る。

ブスッ。

ベッドの下から生地が破れる不愉快な音が聞こえたような気がする。

テントは隙間だらけの玉石の浜の上にある。そこでベッドを安定させようと工夫した結果、ベッドの脚は石の間に入り、シートを貫いたという寸法だ。

どんなことでも、実際に試してみなくてはわからない。頭で考えるだけではどこかに不備があるものだ。予備実験の大切さが心にしみわたる。

よし、新品のテントの底に穴を開けてしまったことは事務局には内緒にしよう。

日が暮れて夕食が終われば、もう良い子の寝る時間だ。明日はいよいよ早朝から調査である。強い日差しと肉体労働による疲労が、心地よい眠りに誘う。

こうして、長い一日が終わった。少なくとも、この時はそのつもりだった。

夢の中で、人魚と水のかけっこをして戯れる。

「おーいやめろよー」

「うふふふふっ」

「あははははっ」

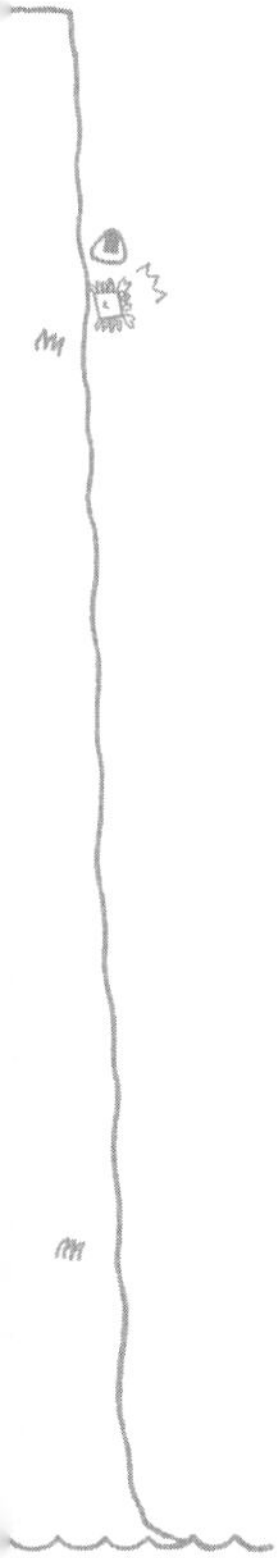

足元にパシャパシャとかかる水が妙にリアルである。まるで体験型アトラクションのようだ。本当にリアルだ。まるで現実のようだ。

そこに悲鳴が上がる。

「逃げろ！　潮が満ちているぞ！」

まずい、夢だけど、夢じゃなかった！

慌てて飛び起きる。

私たちは崖からの落石を避けるため、少しばかり安全マージンを大きくとって、海寄りにテントを設置していた。しかし、この日は新月、つまり大潮の日だ。夜になって満潮を迎え、テントが次々に水没していったのだ。

真っ暗な中で、テントの大移動が始まる。真夜中に海中に引きずり込まれるのは恐怖である。しかし、崖上からの落石攻撃も勘弁だ。

両者から同時に身を守れる場所は幅３ｍほどのスペースしかない。

こうして、南硫黄島の海岸ではテントが自然と一列に並ぶ。

落石にそなえ、ヘルメットをかぶったまま再び眠りにつく。

ようやく長い一日が終わった。

［2］学術戦隊ミナミイウォー

☜和歌山からは見えません

私たちが訪れた南硫黄島は、本州から約1160km南に離れた無人島である。まずはこの島がどんな場所なのかを紹介しよう。ただし、この章は若干説明的で盛り下がるので、細かいことは気にしないぜって人は、とばして次の章を読み進めていただいて結構である。

南硫黄島は火山列島の最も南にある島である。火山列島は硫黄列島とも呼ばれており、ほかに硫黄島と北硫黄島が含まれている。硫黄島は、第二次世界大戦にて激戦地となったことで有名なので、聞いたことのある人も多いだろう。

火山列島から北に150km離れた場所には小笠原群島がある。こちらは有人島の父島や母島を含む島々だ。火

山列島と小笠原群島といくつかの小島を合わせると、小笠原諸島となる。

ちなみに、南硫黄島は東京都の島ではあるが、本州でこの島から最も近い場所は東京ではない。東京は東京湾の奥に引きこもっているからだ。それならば、房総半島か伊豆半島あたりかと思うだろう。私もそう思っていた。

しかし、きちんと測ってみるとこれらの場所は南硫黄島からの最短の場所ではなかった。なんと、本州で南硫黄島に最も近い場所は、和歌山県の潮岬《しおのみさき》だったのだ。先に書いた本州からの距離は、この間の長さである。

そういうわけなので、万が一にも南硫黄で悪漢に捕まり海に突き落とされて本州まで泳げと言われたら、真北ではなく北北西に進路を取ることをおすすめする。きっと生存確率が少しだけ上昇するはずである。

☞ 無人島の事情

ご存知の通り、日本は島国である。日本には周囲の長さが１００ｍ以上の島が約１万４１２５個もある。このうち有人島は４２０島ほどしかないので、ほとんどの島が無人島だと言える。このため、もし島をくじ引きにすれば高い確率で無人島を引き当てることになるので、南硫黄島が無人島であることはそれほど不思議なことではない。

しかし、そんな群雄割拠の無人島の中で、南硫黄島は他にはない類稀《たぐいまれ》なる魅力を持っている。それは、過去から現在まで人間の利用と影響を拒み続けたことにある。南硫黄島の面積は3・5㎢ある。これだけの面積があれば多少なりとも人間が利用していてもおかしくないので、これは非常に珍しいことだ。

日本人は昔から島に行くのが大好きだ。たとえば、考古学的な証拠によると伊豆諸島の神津島《こうづしま》には3万8000年前に人が行き来していたという。

島が好きなのは日本人だけでない。太平洋の真ん中に浮かぶハワイ諸島には2000年以上前から人が住み、太平洋東南の果ての果てにあるイースター島では約800年前からモアイが作られている。たとえ洋上の孤島であっても、そこそこの面積があればたいていは人が到達し、利用し始めるものだ。

火山列島でもそれは同じはずだ。実際のところ、北硫黄島や硫黄島には19世紀から人が住んでいた。それだけでなく、北硫黄島ではマリアナ系文化の特徴を持つ先史時代の遺跡も見つかっており、人間の入植の歴史は1000年以上前にさかのぼるともされる。平らな土地が広がっている硫黄島にも、おそらく先史時代の入植があったことだろう。

そして、硫黄島からは60㎞南に離れた海上に浮かぶ南硫黄島がとてもよく見える。きっと硫黄島の住民の中には海の向こうに見える島に別荘を持ちたくなった人もいたろうが、それでもなお南硫黄島には入植しなかったのだ。

島の利用方法にはいくつかある。居住地、物資補給、バカンス、悪の組織の秘密のアジトといったところだ。目的がなんであれ、島を利用するためには不可欠な条件がある。それは居住や農耕に適したなだらかな場所と、飲用水を確保できる淡水系である。

しかし、南硫黄島には平地もなければ川もない。悪人が喜びそうな地下洞窟もない。断崖絶壁に囲まれた不安定な地形ゆえに、崖の上からはポロポロと落石が降り注ぐ。そんな島に利用価値を見出した者はいなかったのだ。

この島は、人間の歴史から取り残された島と言える。おかげで島の自然は人為的に撹乱《かくらん》されぬまま、原生の生態系の姿を今に留めることとなった。

☞ 島の持つ価値

原生の生態系をそのまま残しているという点で、この島は他に代えがたい高い価値を持っている。このため、島全体が天然記念物に指定されている。また、環境省によって原生自然環境保全地域にも指定されている。

天然記念物はまだしも、原生自然環境保全地域というのはあまり聞いたことがないかもしれない。これは、人の影響を受けることなく特に優れた原生自然環境を維持している場所を指定するものだ。これまでに指定された地域は、南硫黄島の他に4ヶ所ある。屋久島、大井川源流部、十勝川源流部、そして遠音別岳《おんねべつだけ》だ。

確かにこれらの4つの地域も、伐採などの影響を受けていない貴重な自然の残る場所だ。しかし、この4ヶ所は全て人が住む場所と陸続きになっている。そうなると、どうがんばっても人の影響が及んでしまう。

たとえば、最近の本州や北海道ではシカが増えて、多くの植物が食べられて問題視されている。シカはこれまでの歴史の中でも、人間の影響によって増えたり減ったりしている。旺盛な植食者であるシカの個体数が大きく変化すれば、当然のことながら生態系にも影響が出る。

シカだけでない。日本では多くの野生動物が人間の影響を受けている。生態系の頂点に立つべきニホンオオカミは20世紀初頭の記録を最後に絶滅してしまった。大型の雑食者であるクマの個体数や分布も変化している。屋久島では人間が持ち込んだタヌキやイヌ、ネコ、ヤギなどが野生化している。

哺乳類は体が大きく他の生物に対する影響が大きいため、増えても減っても生態系に大きな影響を与える。このため、たとえ木の伐採が行われていない地域でも、人間の影響によって哺乳類の種類や数が変化すれば、生態系は原生状態ではいられないはずだ。もちろん哺乳類に限らず、多くの野生動物で同様のことが言えるだろう。

一方で、南硫黄島ではこれまでに外来哺乳類が野生化していないし、生態系に影響を与えるような大型の脊椎動物の絶滅も知られていない。このため、この島は日本国内で最も原生な自然が保たれた場所となっている。

これこそがこの島の持つ最大の価値だ。

☞調査隊結成

上陸調査を翌年に控えた２００６年、南硫黄島自然環境調査隊が結成された。この調査隊の結成を促したのは、私たちのような研究者ではなかった。

それは調査隊の一員であるナカノの偉業だ。

ナカノは東京都の職員である。彼は東京都小笠原支庁に赴任し、小笠原の生態系を守る

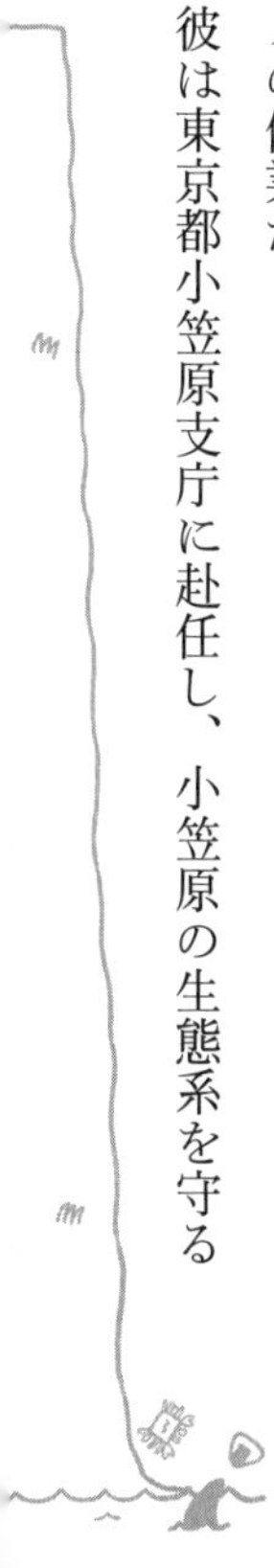

ための自然再生事業を多数担当してきた。その中で、南硫黄島の調査が十分にされていないことに気づき、それを実現することを一つの目標としていた。

そして、この調査の重要性を説き、調査隊を現地に送り込むのに必要な予算を確保したのだ。

当時の小笠原諸島は世界自然遺産登録を目指していた。この登録のためには、自然が人類共通の財産となるような素晴らしい価値を持つことと、それが十分に保全されていることが条件となる。

南硫黄島は世界に誇れる価値を十分に持っているはずだ。しかし、この島の大規模な調査は過去に１９３６年と１９８２年にしか行われておらず、その価値が十分に理解されているとは言えなかった。このタイミングで南硫黄島の自然の持つ価値を証明することは、世界自然遺産への登録を進める上でもとても意義のあることだった。

また、ナカノによる予算の確保と並行して、首都大学東京（現在の東京都立大学）のカトウも南硫黄島調査のための予算を獲得していた。文部科学省の科学研究費補助金（№．１８３７００３８）である。これらの二つの予算を合わせて、この調査は実施されたのである。

調査隊の隊長は植物学者であるカトウが務め、首都大が事務局となり全体の運営を行った。また、小笠原では地元NPOの小笠原自然文化研究所、通称アイボが調査実施のための実務を担当した。アイボは多くの無人島で精力的に調査に取り組んできており、無人島調査を実現するのに必要なノウハウを持っていた。

東京都、首都大、アイボの3組織の一つでも欠けたら、この調査は実施できなかった。彼らの連携と、何よりもこの調査を具体化してくれたナカノに深い敬意を表したい。どんなに大切なことであろうとも、餅の絵を描くだけでは実現できない。予算なしに調査は始められないのだ。

調査隊の結成にあたり、各分野の研究者らに声がかけられた。前回の調査は25年も前である。当時の隊員はすでに高齢化しているため、今回の隊員はほぼ全員が初上陸となる。しかも南硫黄島は断崖絶壁に囲まれた極めて特殊な地形を持つ。

このような状況の中、限られた日数で調査を成功させるためには、やはり小笠原諸島での調査経験が豊富な人材が必要である。

正直なところ、私は南硫黄島に行きたくて行きたくてしょうがなかった。しかし、声をかけてもらうまでは、決してそのことを口にはしなかった。なぜならば、私は深謀遠慮の責任回避策を巡らせていたからだ。

この調査は大きな予算を消費する大きなプロジェクトである。自分が行きたい行きたいと言って、その結果よい成果が得られなかったら、なんだか気まずいに決まっている。いざ現地で調査がうまくいかなければ、たとえそれが天候のせいだったとしても、いたたまれない気持ちになって意気消沈することこの上ない。

私は楽しく元気に鳥類学に勤《いそ》しむことをモットーとしている。そんな目にあうのは真平御免である。

しかし、先方から調査隊に参加しませんかと誘ってきたのなら話は別である。そうなったらそれはもう何が起こっても起こらなくても相手の責任だ。私の研究能力の問題ではなく、誘った人の見る目がなかったということである。失敗しても責任が降りかからないと思えば、リラックスして良い成果に結びつくに違いない。

だからと言ってお誘いがなかったら元も子もない。

だが大丈夫だ。こういう時のために私は10年以上かけて小笠原のさまざまな島を舞台に研究を進め、小笠原の鳥に関しては誰よりも詳しそうな顔つきができるよう練習してきたからだ。

かくして私はまんまと調査隊に潜り込んだ。小心者冥利に尽きる。

調査隊員の人選と並行して、調査時期の調整が行われた。調査が成功する確率が最も高くなる時期を選ばなくてはならない。最大の障壁は海況と天気である。

秋には台風が多く、冬には海が荒れて上陸が難しくなる。また、秋冬は植物の開花も少なく、昆虫の活動も不活発だ。このため、調査は春から夏がよい。

5月から6月上旬には梅雨前線がかかり、悪天候が続く。しかし6月中旬には太平洋高気圧が発達して梅雨前線が北に押し上げられ、小笠原の空が晴れ上がる。7月になると台風が徐々に増加してくるため、最も条件が良いのは6月中下旬だ。

こうして調査時期が決定し、私たちは準備を整えていった。

［3］アカパラ発見せり

☞ウォーミングアップ

10m弱の崖の下、山岳サポート班の登山家3人がジャンケンを始めた。

周囲が断崖絶壁で囲まれた南硫黄島の外周の中で、1ヶ所だけ谷地形になっている場所がある。谷といっても爽やかなせせらぎが心地よい水音をたたえているわけではない。山が崩れて崩落地になっているだけだ。

この崩落地のおかげで、ここだけは垂直な崖が切り立っていない。この谷の中を登っていくと、標高500mのコルと呼ばれる場所に到達する。そこからは尾根沿いに山頂まで登ることができる。船の上から島を眺めていると、登るならこのルートしかないし、このルートならなんだか登ることができそうな気分になってくる。

しかし、実際に谷を目の前にしてみると、そのルートの入口は10m弱の垂直な崖になっている。ミケランジェロの彫刻で有名なダヴィデが倒したとされる巨人ゴリアテですら、その身長は6キュビト半、約3mである。この登山家たちは、ゴリアテ3人分の垂壁を屈服させる役割を担っている。よし、彼らのことは心の中でダヴィデ小隊と呼ぼう。

登攀ルートの中で最も困難な場所のことを「核心部」と呼ぶ。このルートの核心部はまさにこの入り口部分である。

ジャンケンの結果、ダヴィデ小隊で最も背の高いムナカタが勝利のチョキを高々と天に掲げる。登山雑誌『岳人』の編集部に出入りする問答無用のクライマーだ。どうやら彼が核心部を攻め落とす権利を得たらしい。

私のような軟弱研究者は、なるべくラクして調査地に至りたいと思っている。この崩落地を登るエスカレーターでもあれば、有料でも2000円までなら利用するだろう。しかし、登山家である彼らにはそんな軟弱な論理は通用しない。誰よりも先んじて自らの力でルートを踏破することこそ、彼らにとっての最大の栄誉なのだ。

彼は体だけを頼りに垂直な岩壁を登り始める。すると間もなく、手をかけた岩が崩れて体勢を崩してバランスを崩す。スポーツジムの中の人工壁とは違い、野外の岩壁は脆いのだ。

「チェックが甘いっすね」

ダヴィデ小隊エースのアマノが言い放つのが耳に入る。うん、どう聞いてもジャンケンに負けた負け惜しみだな。

彼らの最初の仕事は、登攀ルート沿いにロープを設置することだ。谷地形になっているとはいえ、斜面の角度は約60度ある。長野オリンピックのラージヒルのジャンプ台が40度弱、クフ王のピラミッドが52度である。野外調査に慣れているとはいえ、登山家でもない我々研究者がそんな急斜面を登れるわけがない。

そこで、調査を開始する前にガイドとなるロープを設置するのがルート工作班の役割だ。総延長約900m、ロープだけでもかなりの重量になる。ルート工作班には3名の登山家に加え、小笠原在住のカネコとシマダが加わる。この2人は父島で自然ガイドをする屈強なメンバーだ。彼らはロープを担いで足場の悪い崩落地を登り、岩や木などに固定していくのである。

私たちを安全に山頂まで送り届けるのが彼らの役目だ。そのために、まずは危険な核心部に挑んでいるのである。ありがとう、ありがとう、みんなありがとう。

ふと、そんな彼らの足元を見ると、ハシゴが寂しそうに転がっている。伸縮式で、伸ばせば5mほどになるやつだ。そういえば、安全な登攀のため、この重たいハシゴもわざわざ持ってきたのだった。

これを使えばもっと簡単に登れて、体力を温存できるんじゃないのかい？　ダヴィデたちは己の楽しみのために無駄な体力使ってるんじゃないのかい？

いやいやいや、登山家には登山家のルールがあるのだろう。ここは彼らの現場なので、彼らの流儀に任せるのが一番だ。

ルート工作には2日ほどかかる。その時間を有効に活用するため、私たちは島の海岸部の調査を開始することとした。

☞東の楽園を目指せ

調査隊には私以外に、植物、昆虫、陸産貝類、哺乳類、海洋生物、地質などの専門家が参加している。それぞれの目的に合わせて調査地を選定する。

南硫黄島の周りで鉄壁の防御を誇る崖の下には、幅の狭い海岸部が張り付いている。この海岸のおかげで、島の外周をほぼ全て歩くことができる。「ほぼ全て」なのは、島の北東部の松江岬だけは切り立っていて海岸がなく、越えることができないためだ。

まず調査地として選ばれたのは島の南東部にある崩壊地だ。ここには斜面が崩れ落ちた土砂がたまっていて、比較的ゆるやかな斜面になっている。崖ばかりの海岸部の中で、土壌がたまっている場所はここと南西部の2ヶ所しかない。

土壌があれば植物が生える。植物があれば、葉を食べる昆虫や果実を食べるオオコウモリが生息できる。昆虫がいれば、これを食べる陸鳥や爬虫類も集まる。ここは海岸部で陸上生物相を調査することのできる数少ない調査地なのだ。

生物調査の担当者はまずはそろってここを目指すことにした。

無人島調査にはトラブルがつきものである。落石、おばけ、熱中症。何があってもおかしくない。そんな時に一人だと助けを呼ぶこともできないので、可能な限り団体で行動するのが基本ルールだ。調査のためにバラバラになる時も、少なくとも2名1組となるバディシステムが最小の単位である。

楽しく山登りを始めたルート工作班を見送り、私たちは東に向かって歩き始める。キャンプ地を通り過ぎ、高さ200mの崖の下にできた貧弱な海岸を歩く。ここもゴロゴロとした玉石でできた不安定な海岸だ。さまざまなサイズのボウリングの球が折り重なった上を歩いているところを想像してもらえば、状況がわかってもらえるだろう。足の置き場所を間違うと石が転がりバランスを崩して捻挫してしまう。

足元に集中しながら歩いていると、視界の端にコブシほどの大きさの石が通りかかる。

どうやら200mほど上からバンジーゴムなしバンジージャンプに興じているようで、地上についた途端に粉々に砕け散る。

上ばかり見ていると捻挫する、下ばかり見ていると石が降ってくる。これでは坂本九さんも立つ背がない。全くけしからん話である。そんな状況を受け、誰からともなくこの場所を「死の廊下」と呼ぶようになった。

死の廊下では、岩陰で少数のアナドリが営巣している以外に、生命の兆しがほとんど見られない。崖の岩は灰色、地面の石はネズミ色、おまけに繁殖しているアナドリは真っ黒な海鳥だ。気が滅入るような無彩色の世界の中にいると、時間の流れがやたらと遅く感じられる。この不機嫌な空間をそそくさと抜けると、一転して目の前が緑色に開けた。

ようやく南東部の崩壊地に到着したのだ。

☞ アカパラ

海岸には何tもありそうな大きな岩がゴロゴロとたまっている。この場所が確かに崩落地であることを示している。岩の角はすでに丸くなっており、崩落してから随分と時間が経っていることがわかる。この場所は安全そうだ。

このエリアではゴロゴロ岩のすぐ近くまで草地が迫り、斜面には木立があふれている。

林の中からはメジロやウグイスの声が響き、花には昆虫が集まっている。

死の廊下の無機的な空間に辟易《へきえき》した大脳皮質に生命の息吹が染み渡る。ここは楽園だ。楽園の樹林の中には赤みのある樹木が目立っている。新葉が赤錆色を呈するアカテツだ。

かくして、この地は「アカテツパラダイス」と命名された。通称アカパラである。多くのメンバーが参加して調査をする場合には、地名をつけることはとても大切なことだ。そうしないと、情報交換の時にお互いがどこの場所のことを示しているのかがわからなくなってしまうからだ。

アカパラに到着して最初に行うことは、無線通信のチェックである。調査中にはどんなトラブルが起きるかわからない。隊員が大怪我でもすれば、本人だけでなく調査隊全体を撤収しなくてはならないこともある。このため、いつでも連絡がつけられるようにしておくことが大切だ。

無線基地となるのは島の沖に停泊した調査船である。新たな調査地に入った場合には、まずは調査船まで無線が届くかどうかをチェックし、安全を確保する。しかるのちに、調査が始まる。

さまざまな分野の研究者がアカパラの中に散っていく。幸いにもこの島にはヘビやスズメバチなどの危険な生物がいないので、その点では安心して調査ができる。

植物の研究者も昆虫の研究者も、まずはこの場所にどんな生物がいるのかを調べていく。もちろん私もここにどんな鳥たちがいるかを調べる。

この島にいる鳥の種数は少ない。陸鳥はたったの6種しかおらず、アカパラでは全種が見つかってしまった。

次は海鳥だ。ここでは開けたところにカツオドリが、クサトベラの藪《やぶ》の中ではアカオネッタイチョウが、岩の下や地中の穴の中ではオナガミズナギドリが繁殖していた。これに加えて、石の隙間にアナドリがいる。

オナガミズナギドリもアナドリも、地中に掘った穴の中や岩の下を好んで繁殖する鳥だ。要するに、上が覆われていて屋根のある場所で営巣するのだ。おそらくタカなどに襲撃されないような安全な場所を選んでいるのだろう。

しかし、この島のアナドリは岩の横や崖の下の地上など、屋根のないオープンな場所でもそこそこ繁殖している。崖に囲まれたこの島では、土のある場所はとても少ない。このため、巣穴を掘ることができる深い土が堆積している場所はビバリーヒルズのような高級住宅街である。きっとアナドリもそんな場所で思う存分巣穴を掘りたいことだろう。

だが、アナドリと同じような環境を好むオナガミズナギドリは約4倍の体重がある。喧嘩をすればアナドリが勝てるはずがない。このような競争の効果により、オナガミズナギドリが一等地を占拠し、アナドリは仕方なく屋根のない場所で繁殖しているものと考えられる。

幸いにしてこの島にはタカやハヤブサなどの猛禽類がいない。おかげでオナガミズナギドリ先輩にしいたげられつつも、野宿しながらの子育てでなんとか切り抜けているのだ。岩や崖に寄り添っているのは、少しでも陰になる場所を選ぶことで、直射日光で暑くなるのを避けているに違いない。

私は心の中でこの島をアナナシアナドリと命名した。ただし名前が長いので略称が必要である。よし、最初と最後の2文字ずつをとってアナドリと呼ぼう。

☞ 見えない敵を探せ

次なるミッションは、ネズミの探索だ。

ネズミは世界中の海洋島に侵入している侵略的外来種だ。種子、昆虫、カニ、マイマイ、なんでも元気に食べてしまう。さまざまな生物に広く影響を与えるという点で、島の自然にとって最大の敵と言ってもよい。

小笠原諸島のほとんどの島にはもうすでにネズミが侵入しており、多くの生物が影響を受けている。ただし、南硫黄島ではこれまでネズミの侵入は確認されていない。

とはいえ、昨日までいなかったからといって、今日もいないとは限らない。ネズミは本気になれば１㎞や２㎞は泳げるので、近くを通った船から落ちた個体が到達するかもしれない。また、お隣の硫黄島にはネズミがたくさん生息しているので、漂流物に乗ってドンブラコと侵入してきてもおかしくない。

万が一にもネズミが侵入してしまったら、影響が生じる前に叩く必要がある。あくまでも念のためだが、ネズミの不在を改めて確認することも調査隊の使命の一つだ。

殻付き落花生を針金で地面に固定して、そこに自動撮影カメラを設置する。もしもネズミがいれば、普段は食べられない美味しいおやつに目が眩《くら》み、うっかりカメラに写ってしまうはずだ。調理済み落花生なら、ネズミが持ち帰って貯食しても芽が出ることはない。

ネズミカメラはアカパラを中心に９台設置した。ネズミが侵入してくるとしたら、空ではなく海から来るはずだ。ネズミがいるとすれば、海岸部分で最も植生が発達しており、利用可能な食物の量が多いアカパラだろう。

調査の終盤にこれらのカメラを回収して確認したところ、幸いにもネズミは写っていなかった。写真の中には落花生を頬張りながらVサインをするスベリイワガニやオカヤドカリの姿があった。サルもいないので、カニもいじめられることなく安心してピーナッツを食べられたようだ。

この島はまだ大丈夫そうだ。ほっと胸を撫で下ろす。

カニがハヤクメヲダセチョンギルゾと魔法の呪文でけしかけて奇跡が起こるとまずいので、カメラとともに落花生も回収する。せっかくなので残された落花生を食べてみたところ、湿気でふやふやになっており大層まずかった。カニの食べ残しなんて食べるんじゃなかった。

［4］アカパラ・アナザーミッション

☞生物学者の使命

アカパラではもう一つ重要ミッションがあった。それは、標本採集だ。

昆虫や植物の標本採集はイメージしやすい。博物館で標本箱の中にピンで固定して並べられた昆虫標本を見たことがあるだろう。植物は腊葉《さくよう》標本という押し葉の標本を作るが、四つ葉のクローバーで試したことのある人もいるはずだ。

鳥の場合は標本として仮剥製を作る。

一般に剥製には本剥製と仮剥製がある。本剥製は、よく展示に使われているような生きていた時の姿を再現した剥製だ。これはどんな鳥かを理解するのには都合がよいが、姿勢によっては体の各部位の計測がしづらい。また、かさばるため保管をしておくのも大変だ。

一方で仮剥製は、翼を閉じ体を真っ直ぐにして「気をつけ」をしたような姿勢にした剥製である。みな同じ姿勢で作るため、形がそろっていて計測がしやすい。引き出しに多数を並べてコンパクトに保管することもできる。このため、名前に仮とついているものの、学術的にはこちらの方が正式な標本となる。

ただし、標本を作るためには鳥を捕まえて殺さなくてはならない。

野鳥を殺すことを可哀想だと思う人もいるだろう。私自身も何の躊躇《ちゅうちょ》もなくそれができるかといえば、そんなことはない。やはり心が痛む。しかし、標本を作って保管しておくことは、生物学にとっては大切なことなのである。

☞大義の下に

標本を作ることにはいくつかの意義がある。

まず、そこに確かにその生物がいたという証拠を残すことだ。もちろん写真を撮ったり計測したりするだけでも、詳細な記録を残すことはできる。しかし、これらは後から撮影部位を追加したり、計測値を再検証したりすることはできない。

一方で、標本であれば後から何度でも確認することができ、追加や修正が可能となる。標本ほど確かな記録はないのだ。そして、一度きちんと作ってしまえばその標本は100年でも200年でも保管することができる。

そして、標本さえ残しておけば、のちに他にもさまざまな研究に使える。

いろいろな部位の形態計測をすることもあれば、寄生虫を探すこともできる。古い標本からＤＮＡを抽出することもできるし、羽毛に含まれる窒素や炭素などの安定同位体の比率を調べればどんな食物を食べていたかも推定できる。

ただし標本は、確たる研究目的を持って採集するものとは限らない。ただただその時代の生物の記録として網羅的に残すこと自体に意義がある。なぜならば、現在の標本を採集することはできても、未来になってから過去の標本を採集することはできないからだ。

オーストラリアでは、１００年前の鳥の標本と現代の鳥の大きさを比較することで、体のサイズが小さくなっていることが明らかにされた。詳しい説明は省くが、これは地球温暖化が原因と考えられている。そんな研究をすることができたのも、過去に十分な標本が採集されていたからだ。

標本からのＤＮＡ抽出などは、古い標本が採集された頃には考えもつかなかった利用方法である。今後さらに分析技術が進歩すれば、今では思いもよらないような手法が開発されるだろう。

将来誰かが過去の標本を使って研究する必要が生じた時に、その標本がなければどうしようもない。だからこそ、各時代の研究者はそれぞれの時代の標本を残す責任があるのだ。

普段生活している場所では、交通事故やガラス衝突などで死体が手に入る。それならば、わざわざ殺さずとも標本が残せる。しかし、南硫黄島のように滅多に行けない場所では、積極的に採集しないと標本を残すことができない。

自らの研究のためにも、未来の研究者のためにも、南硫黄島の鳥の標本を採集する。その中には100年も200年も使用されないまま保管されるものもあるだろう。昨今は、学術の世界でも応用的ですぐに役に立つ成果が求められるのが実情だが、同時に標本の蓄積という極めて基礎的な努力の積み重ねもたゆまず続けていかねばならないのだ。

☞シーサイドラボ

陸鳥の捕獲にはかすみ網を使う。かすみ網はナイロンの細い糸で編まれたネットで、標準的なサイズは高さ約2・5m、長さ12mである。この網を広げておくと、鳥たちはそこに網があることに気づかずに飛び込んでしまい、安全に捕獲できるという寸法である。とても細い糸でできたバレーボール用ネットのようなものと思ってもらえればいい。

アカパラの斜面は林に覆われており、12mの長さの網を真っ直ぐに設置できる場所がない。このため、今回は6mの短い網を使うことにした。これなら、木々の合間を縫ってなんとか設置できる。

まずは鳥がどこを通って飛んでいるかを観察する。これは待ち伏せ型の捕獲方法なので、鳥が来てくれないと話にならないのだ。鳥がよく通過する場所を把握したら、ポールを立ててその間に網を設置する。

網を張ってしばらくすると、まずはヒヨドリが捕獲された。

捕獲した個体を安楽死させ、翼や尾羽などの長さを計測したら、標本作成のための準備に入る。

仮剥製の製作は専門の業者に発注する。それまでの間この個体を保管しておかなくてはならないが、南硫黄島には冷凍庫もコンセントもない。そんな時には先人の知恵にすがるのが一番である。昔からなまものを保存するには塩蔵と相場が決まっている。塩には殺菌性もあるし、皮膚をひきしめる効果もある。ここでも標本は塩漬けにして持ち帰ることにした。

とはいえ、腐りやすい部分は取り出しておかなくてはならない。筋肉や内臓などを残しておくと、そこから腐り始めて皮膚が弱くなりきれいな標本にならないからだ。捕殺する以上は、可能な限り状態の良い標本として残す責任がある。

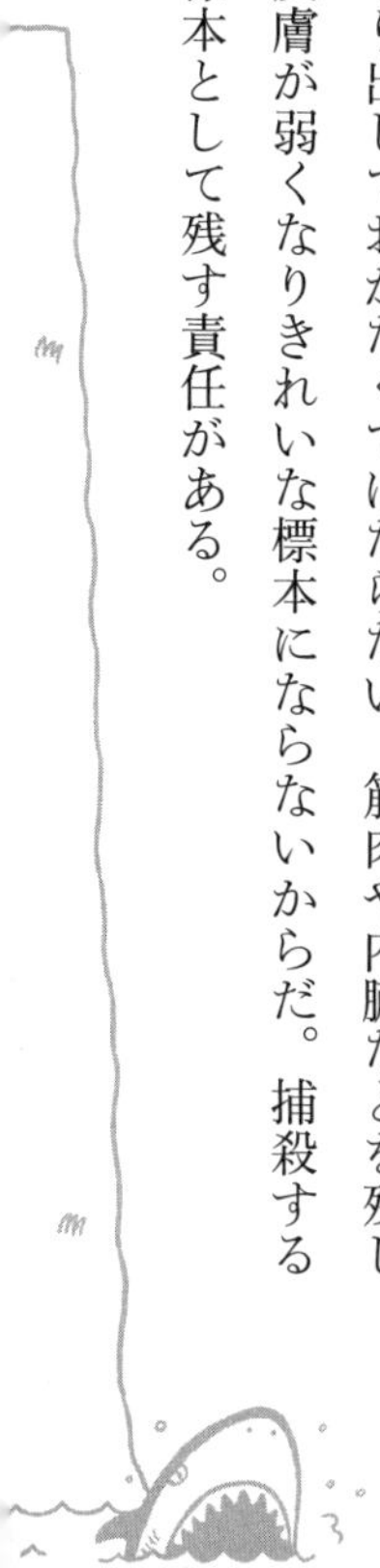

海岸に大きな岩が二つ並んでおり、その間に隙間があって日陰になっている。ここを研究室と名付けて作業場所に任命する。

研究室に小さなバットと解剖道具を並べて、作業開始だ。息を引き取ったヒヨドリの胸にメスを入れ、皮膚に縦に切れ目を入れる。この切れ目から皮膚を剥がしていき、胴体と脚、翼、首、尾羽との間の関節を切断する。そうやって胴体部分を独立させたら、体の中からころりと取り出す。さらに頭部も皮をむいて眼球を取り出す。眼球や胴体の入っていた空間に塩をつめこみ、塩の入った袋の中に体全体を埋める。

取り出した胴体部分も別個に保存しておく。筋肉からDNAをとったり、内臓から寄生虫や食物を調べたり、いろいろなことに使えるはずだ。

塩漬けにするまでの作業には、1個体につきだいたい10分から15分程度の時間がかかる。ヒヨドリだけでなく、オガサワラカワラヒワやメジロなどを捕獲して塩の中に埋めていく。今回の調査では、鳥類の各種それぞれについて3個体ずつの捕殺が認められている。それ以上捕まった場合には、計測をして金属の足環をつけて放鳥する。

作業は岩陰で始めたはずだが、いつの間にか太陽が真上に来て世界中から日陰がなくなってしまった。今なら忍法影縫いも怖くないが、このまま炎天下で作業し続けると熱中症で倒れてしまいそうだ。

いや、すでにかすかに頭痛がしてきた。調査はまだ始まったばかりであり、今から疲労を蓄積するのは決して良い作戦とは言えまい。疲れないようにコントロールすることも、野外調査者の仕事の一つだな。

仕事をサボる言い訳を考えながら、片付けをする。

海岸作業の良いところは、すぐ近くに水場があるところだ。血で汚れた手を洗うべく水際に寄り、海水に手をひたす。

と、次の瞬間殺気が私を襲う。

何かが来る！

灰色の第六感が閃き、水につけた手を電光石火の早技で引き抜く。

刹那、私の手があったところに鋭い歯をむき出しにした奇怪な生物が飛び出してくる。まるでエイリアンの映画のワンシーンのようだった。

水底の石の隙間から姿を現したのは直径2㎝ほどのウツボの一群だった。飛び出した勢いでヌメヌメとした体が水面を波立たせる姿が目に焼き付いている。メデューサの頭をシャンプーしたような大騒ぎだ。

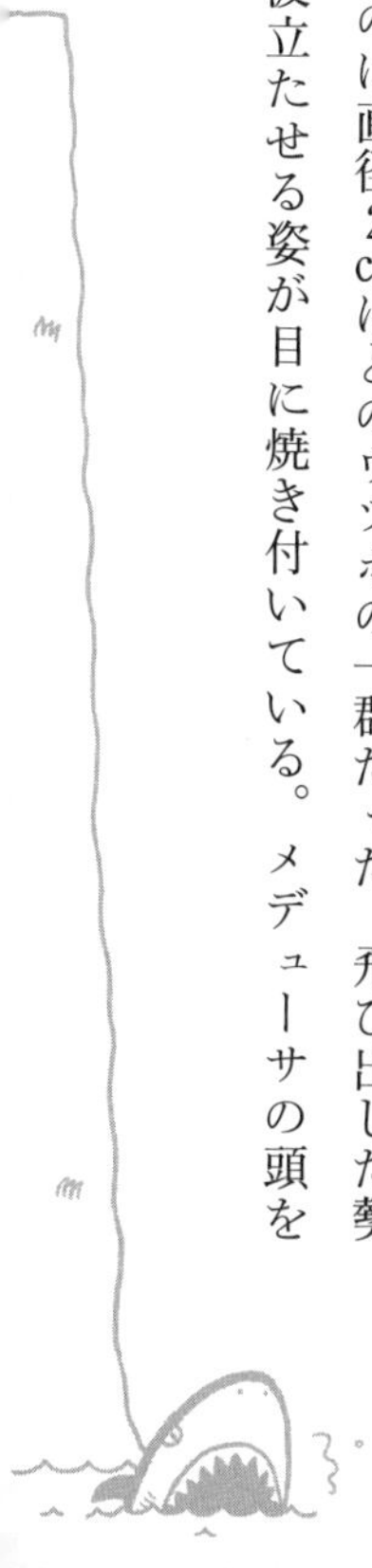

今回は噛まれずに済んだが、海岸の石の間にあんな恐ろしい生物がウヨウヨしていると は想定外である。この島には危険な生物がいないって言ったのは、誰だ？

☞夜のパラダイス

翌日もアカパラで調査の予定なので、この日はここで一泊する。

植物は昼も夜も同じ個体が同じ場所にあるので昼間だけの調査で済む。だが、動物には昼行性のものもいれば夜行性のものもいる。日が暮れると、岩の隙間から目をギョロリとさせた爬虫類が出現する。ミナミトリシマヤモリだ。日本最大のヤモリである。

ミナミトリシマヤモリはその名の通り小笠

原諸島の南鳥島に生息していた。しかし、残念ながら南鳥島の集団は絶滅したようで、日本でこのヤモリが生き残っているのは南硫黄島だけである。

夜の林内に入ると、このヤモリがセンダンの花にとまっている。花の蜜を舐めにきているのか、または花にやってくる昆虫を狙っているのかはわからない。

白い小さな花に大きなヤモリが近寄る姿は、美女と野獣のような雰囲気でなんだか微笑ましい。微笑ましいが、情け容赦なく捕まえて安楽死させエタノールにつけて液浸《えきしん》標本にする。これもまた他では採集できない貴重な種だ。この島では情緒よりも科学が優先されるのである。

さて、この日はもう十分に標本を採集したので、そろそろ寝ることにしよう。

アカパラまでテントやベッドを持ってくるのは大変なので、私はハンモックを持参した。私以外の隊員は、寝袋とマットだけを持ってきて、地面に敷いて寝ている。その方が合理的なのだが、ハンモックで寝たかったのだから仕方あるまい。

南の島の海辺で、海風に揺られながら星空を眺め眠りに落ちるなんて、雰囲気が良いではないか。大変な調査なのだから、そのくらいの贅沢は許されよう。

さてと、ハンモックをかける場所が必要だ。よく写真で見るのは、海辺にちょうど良い

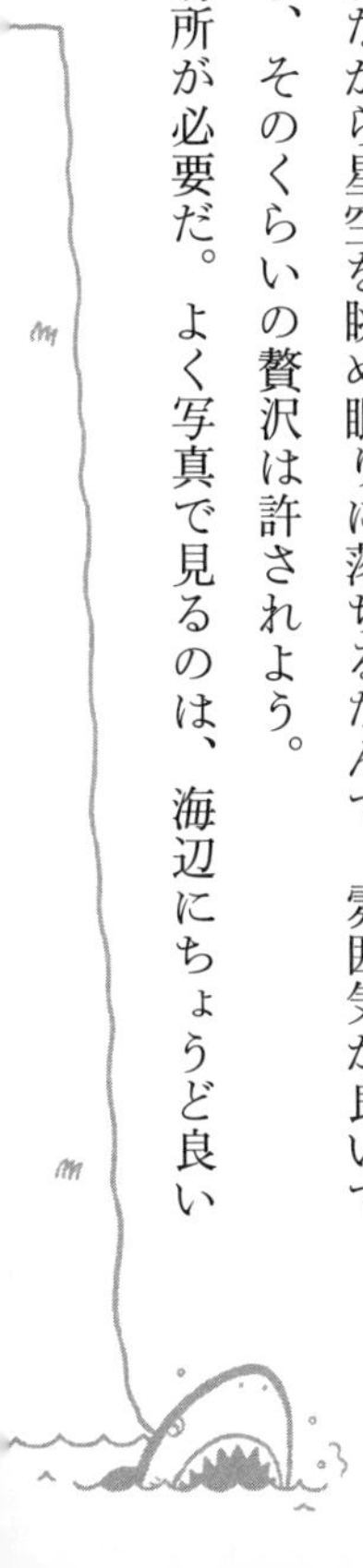

間隔で生えているココヤシである。

あれ、おかしいな。ココヤシがないぞ？

というか、海辺に手頃な木なんて生えてないぞ。

残念なことに、ハンモックをかけられるような木は低木林内にしかなかった。せっかくの星空なのに、なぜか薄暗い低木林の中に入ってしょんぼりとハンモックをかける。樹高が低いので、ハンモックに乗るとお尻が地面につきそうになる。なんだか、期待していたのと随分違うなぁ。寝袋とマットだけの方が良かったんじゃないのか？

ふん、どうせ目を閉じるのだ。星空なんか見えなくたって同じだよ。

☞隊長フォーエバー

ハンモック期待はずれ事件のため、本当は心の中は少ししょんぼりしていた。しかし、そんな素振りを見せたら、私の失敗が他の隊員に気づかれてしまう。ここはさも満足という顔で調査を始めよう。

この日はまずはセンサス調査を行う。この調査は鳥の生息密度調査である。道沿いに歩きながら鳥を記録するのがラインセンサス、1ヶ所にとどまって周囲に出現する鳥を記録するのが定点センサスだ。

アカパラは面積が狭くラインセンサスをするほどの経路を設定できないため、定点センサスを行う。直径25m以内に出現する鳥の数を15分間記録する。島の中の異なる環境で同じ調査を行い、どこにどんな鳥がいるかを把握するのだ。

センサスが終わると前日と同様に捕獲調査を行う。標本作製をしていると、隊長のカトウがニコニコしながらやってきた。植物学者である彼は同じく植物の研究をするタカヤマとともに、海岸を歩いて植生調査を行っていた。北東部の松江岬まで行って折り返してきたようだ。

ニコニコしている彼の手には、ひと抱えもある大きなヤシガニが抱えられていた。

「見てくださいよ。ヤシガニを見つけました!」

小笠原諸島ではヤシガニは珍しい動物だ。彼らは海で産卵し、幼生が海中を漂っていずれ陸地に到達する。沖縄かどこか遠い島で生まれた幼生が、稀に小笠原までやってきて大きくなることがある。そう頻繁に見られるものではないので、カトウが喜ぶのも無理はない。

「いやね、私は植物の研究をしてますけどね、本当は動物の研究がしたかったんですよ。植物学者より動物学者になりたかったんです。やっぱり動物ですよ、動物」

ヤシガニ隊長

調査隊をまとめる隊長が、自らの研究分野を否定し始めた。いったい何を聞かされているんだろう。

「今回の調査の準備は大変だったですよ。本当は隊長なんてやりたくないんですよ。もう、隊長はこのヤシガニに譲ります。私はもう隊長じゃありませんよ」

調査二日目にして疲れがたまっておかしくなっているようだ。これはそっとしておくしかないな。

浮かれた元隊長は新隊長を手にベースキャンプに向かって意気揚々と歩き始める。

こうして隊長職はヤシガニに譲られ、カトウは降格した。ただし、ヤシガニはろくに仕事ができないので、隊長の仕事はヤシガニ代理として結局カトウが続けることになった。

ヤシガニ隊長はその後に標本になり保管されている。普段は収蔵庫に保管されているだろうが、何かの機会に神奈川県立生命の星・地球博物館でヤシガニの剥製を見ることがあるかもしれない。それが南硫黄島自然環境調査隊の隊長である。

［5］順番を待ちながら

☜そこに雲があるから

以前ホテルに泊まった時、アンケートの記入を求められた。さまざまなサービスについて「期待以上」「期待通り」「期待以下」のいずれかを選択するのだ。

心地よいホテルだったので、フロントの対応や部屋のきれいさは「期待以上」とした。しかし、次の項目でペンが止まった。

『枕の高さ』

これは、どういうつもりだ？

寝心地は良かったので高い評価をつけたい。しかし、枕の高さが「期待以上」だったなら、それは高すぎて不便だったということになるのではないか？　この場合は「期待通り」が最高評価という意地悪問題と悟った。そういうわけで「期待通り」としたが、それが正解だったのかどうかは今もわからない。

それはともかく、私たちがアカパラで調査をしている間に、ルート工作班は期待通りに山頂への道を開いてくれた。この場合に「期待以上」にルート工作すると無用な自然破壊になるので、期待通りは最高賛辞である。

なにしろ彼らもこの島に来るのは初めてだ。そんな場所で海岸から標高９１６ｍの山頂まで調査のための道を作るのは容易なことではない。海岸にそそり立つ約10ｍの垂直な壁。この垂壁を越えて急傾斜の谷の中を標高５００ｍのコルまで登る。コルというのは尾根上の鞍部のことだ。海岸からコルまでは途切れることなくロープを設置してくれた。

コルから先は尾根沿いを歩き、そのまま山頂に達する。その間も急傾斜部分にはロープが張ってある。ロープのない部分は、道に迷わないように目印となる派手色のテープがつけられている。

ロープを張るだけではなく、ルート工作班は水や食糧なども要所要所に荷上げしてくれた。彼らは、準備ができましたと簡単そうに言ってのける。しかし、ふとシマダの指を見ると、手の爪が全て内出血で真っ黒になっていた。30kgの荷物を背負った状態で、ロープにつかまって何往復もしたためだ。作業の過酷さがうかがわれ、彼らの活躍に心底感謝した。

私たちは、これから2泊3日の行程で高標高地の調査を行う。

調査隊は一次隊と二次隊に分かれている。一次隊は鳥類と哺乳類、植生、海洋生物、地質などの調査だ。二次隊は主に昆虫と陸産貝類の調査で、1週間後に到着予定である。二次隊の到着と交代で一次隊の一部は島を離れる。ただし調査隊運営に関わる隊員は調査に全日参加する。私はフルコース参加だ。

一次隊で山頂まで登るのは鳥類と哺乳類、植生班である。もちろん全員が登頂できるに越したことはないが、安全に調査するには荷揚げする物資の量と日程の限界がある。このため、優先順位をつけることになった。より多くの成果に繋がる分野の隊員が頂上を目指すことになったのである。

南硫黄島は周囲が崖で囲われている。標高の低い場所は湿度を維持できる豊かな土壌が不足して乾燥しており、あまり植生が発達していない。植生が発達していないと、そこに生息する動物も少なく、自然の状態は貧弱と言わざるを得ない。しかし、崖の上の世界は全くの別物だ。

関東地方の南には1000km以上にわたって、伊豆諸島と小笠原諸島の島々が連なっている。この島々の中で最も高い標高を持つのが、我らが南硫黄島である。

海の中に標高の高い島があると、海風がそこにぶつかる。海風の中に含まれる水分は、島にぶつかってびっくりすると雲になる。そのおかげで、南硫黄島の山の上は、一年を通して雲がまとわりついているのだ。南硫黄島には淡水を湛えた河川はないが、この雲のおかげで十分な水分が常に供給されている。

また、この島は全域にわたって傾斜がきついが、垂直な崖は主に標高３００ｍ以下にある。このため山上部は崖と比べれば傾斜が緩やかである。豊かな水分と緩やかな傾斜という好条件のため、山の上は海岸部からは想像できないほど湿潤で植生が発達しているのだ。

この島の生物調査の真骨頂はコルから上にあると言って過言ではない。アカパラ調査はそのためのウォーミングアップだったのだ。

☜ネバーエンディング・ボレロ

核心部の10ｍ垂壁の下半分にはちゃんとハシゴがかけられていた。

ちょっとほっとした。

とはいえ、上半分にはハシゴはなく、不安定な岩場に足をかけながらロープを頼りに登るしかない。

垂壁を登り切ったからといって、その先が楽ちんになるわけではない。そこからは急傾斜の上りが続いている。この急傾斜の谷はせせらぎをたたえた優しい谷ではなく、端的に言うと土砂崩れの跡だ。いや、跡ではなく、今もなお定期的に崩れているイキのいい崩落地である。

崩落地の中を歩くと、足元が崩れて石が転がり落ちる。そんな状況なので、調査に行く人間が並んで登っていくと危険極まりない。前の人がある程度まで登ったら、ようやく次の人が安心して登ることができる。間隔をあけて登るためスタート地点では自分の番をゆっくりと待たなくてはならない。

登攀を待ちながら

まだ何もしていないのに、喉が渇いてきた。これから山頂まで登らなくてはならないという緊張と、ジリジリと照りつける太陽と、その両方が原因だろう。

こういう時、私はラヴェルのボレロを脳内で再生する。

タッタラララ、タラララ、タラララ、タラララッタッタッタ

タッタラララ、タラララ、タラララ、タラララッタッタッタ

油断をすると途中から間違って水戸黄門のテーマ曲が始まってしまうことがあるので、丁寧に再生する。ボレロの良いところは1曲で15分もあるところだ。おかげで待ち時間には最適である。

しかし、登攀の順番はなかなか回って来ない。ボレロももう3巡目ぐらいとなり、そろそろ飽きてきた。

とはいえ安全のためにはしょうがないことだ。私たちはここを登るため、長い時間をかけて準備をしてきたのだ。それに比べれば1時間や2時間の待機は大したことではない。なにしろ南硫黄島は特別な島なのである。

☞この島に入るべからず

長い待ち時間を過ごしていると、ここに至る過程が思い出される。調査隊隊員がカトウ隊長のいる首都大学東京牧野標本館の2階に招集されたのは、1年ほど前のことだ。そこから準備が始まった。荷物と人間の準備だ。

まずは現地調査のスケジュールが組まれる。さまざまな分野の研究者が必要な場所で必要な調査をするための行程表を作る。調査員はみんな少しでも長期に少しでも広範囲に調査したいので、口をそろえてわがままを言う。

合議制ではまとまらないに決まっているので、行程は調査隊中核部に一任される。

これと並行して、調査に必要な物資のリストが作成される。上陸の困難さを考えると、荷物は最小限にしなくてはならない。野外調査には参加しない多くのスタッフが、予算をやりくりして物資の調達を行う。裏方に徹した彼らの入念な準備なくして、調査隊員の現地での活動はなかった。その尽力に改めてお礼を述べておきたい。ありがとう、ありがとう。

さて、調査の準備には二つの柱がある。それは外来生物対策と体力づくりである。

外来生物は時として生態系に不可逆的な影響を与える。我々の調査をきっかけに侵入を許してしまったらお詫びのしようもないし、第一誰にお詫びしていいかよくわからない。このため、必要十分な対策をする必要があるわけだが、国内には参考になるような外来種対策の事例がなかった。

そこでカトウら調査隊運営チームは、外来生物対策先進国であるニュージーランドにおける対策を参考にして、南硫黄島に適したプロトコルを作り上げた。

研究者は世界各地で野外調査をする。他の地域で使った衣服や調査道具には外来生物が付着しているかもしれない。このため、島に持ち込む荷物は予算が許す限り新品を用意した。

　ただし、新品が用意できない場合は、アルコールでの洗浄や一定期間の冷凍などを行った。たとえば、この調査には記録班としてプロカメラマンのヤナセとディレクターのイトウが同行していた。彼らのカメラは推定４ケタ万円ほどしそうなので、おいそれと新品を買い直すことはできない。動物質の外来生物はアルコールと冷凍でかなり予防できるだろう。

　厄介なのは植物だ。種子の表面をアルコールで洗浄したら、カビが死滅して元気になる場合もある。冷凍したら長期保存ができてしまう。全く困ったものだ。なにしろ油断すると２０００年前の種子ですら発芽してしまうような連中だ。最終的には入念な目視チェックをすることで、種子の混入を防ぐこととした。

　そして、荷物のパッキングを行うためクリーンルームが設けられた。クリーンルームは生物のいないきれいな部屋のことだ。

　残念ながら既存のクリーンルームがなかったため、みんなで力を合わせて作ることとなった。まず、借りた部屋の通風孔や窓などを全てビニールとテープで塞いで密閉する。部屋の中をきれいに掃除してバルサンをたく。これでクリーンルームの完成だ。

　この部屋の中にきれいに洗浄した机を置き、その机の上でパッキングを行う。パッキングを夜に行うと電灯に昆虫が誘引されて、部屋への出入りの際に侵入する可能性がある。

このため、パッキングは日中に行うこととした。入室の際は、靴下をぬいで裸足になることで余計な生物がくっついてくるのを防ぐ。

クリーンルームの中でパッキングした荷物が次に開封されるのは、南硫黄島に到着してからだ。上陸時には荷物は一度海水につけて、表面もきれいに洗い落とす。もちろん人間も一緒に頭まで海水に浸かり、表面をお清めする。

これで精進潔斎の完成だ。

ちからこぶる

物資の準備と並行して、私たちは体づくりにも励んだ。

南硫黄島の移動は横ではなく縦である。そこで私は近所のクライミングジムに通い始めた。

そこには高さ4mのボルダリング用の壁と、高さ15mのリードクライミング用の壁があった。前者は体だけを使って壁を登るスポーツで、後者は落下防止用のロープを使いながら登るものだ。

まずは手軽なボルダリングに挑戦する。壁に設置されたホールドと呼ばれる突起を頼りに壁を登っていく。この練習をしておくと、どのぐらいの突起があれば体を支えられるか

がわかる。そして、自分の手がどのくらい遠くにあるホールドをつかむことができるかが理解できる。

壁の下には、落ちても大丈夫なように厚いマットが敷いてある。しかし、これでは緊張感が足りない。上達するにはよりシビアな設定が必要だ。

「落ちたら、サメ」

1回落ちたら1ヶ所食べられるという自己暗示をかける。残念ながら初日の私は一欠片も残さずサメのウンチとなって終わった。ナンマンダブ、ナンマンダブ。

次はリードクライミングに挑戦だ。腰にハーネスをつけてロープを固定する。このロープを壁に設置されたカラビナにひっかけながら登っていくのだ。ゆるまないロープの結び方も習得できて、ちょっと偉くなった気分だ。

エキサイティングなのは登り終えた後である。15mの高さのゴールに到達すると、そこから手を離して命綱を頼りに空中を降りてくる。これはもうスパイ大作戦である。なんだか崖から落ちるシミュレーションもできて、走馬灯の回し方が上達したのは思わぬ副産物である。

もちろん、上陸や撤収の時のための水泳訓練や、スタミナ獲得のためのジョギングも忘れてはならない。ただし、自宅から職場までの片道10kmをジョギング通勤に切り替えたところ、初日に膝が痛くなってすぐ中止したことも忘れてはならない。無理は禁物である。

直前には、登山家三人衆を講師に登攀訓練をする。登攀器具を使ってロープ沿いに上り下りする方法や、命綱の繋ぎ方などを練習する。

「せんせー、なんかかっこいい下降の仕方とかおしえてくださーい」

「新しいことを試すより、今やれることを確実にできるように練習してください」

はい、ムナカタ先生のおっしゃる通りです。

疲れた時でも確実に安全を確保できるためには、繰り返して体に覚え込ませることが不可欠だ。鍛錬に近道などないのである。

出発の直前、調査隊は小笠原諸島父島の集落にある大神山神社を訪れ、神主さんに祝詞《のりと》を奏上してもらった。

これでもうやれることは全てやった。

さぁ、いよいよこの壁を登って山頂を目指そう。

賽銭奮発5000円

［6］崩落地を登る

☜はじめの一歩

回想シーンの間に、前に並ぶ隊員たちは順調に歩を進めたようである。いよいよこれから2泊3日山頂往復ツアーだ。

初日は海岸から標高500mのコルまで登り、休息をとってから標高916mの山頂まで登りきる。山頂で1泊し、翌日はコルまで降りて1泊する。最終日はコルで調査をしてから海岸まで降りてくるという算段だ。

さて、まずはザックを背負わなくてはならない。ザックの重量は約15kgである。調査道具、キャンプ道具、レインウェア、携帯食、4Lの水、どれも欠かすことのできないものだ。

鳥の捕獲調査をするためには、かすみ網とそれを支えるポール、計測道具、足環などが必要になる。採集した標本の保存には大量の塩も持たねばならない。ネズミ生息確認用の落花生や自動撮影カメラも必要だ。ネズミが食物の少ない海岸に見切りをつけて、高標高地の森林にいる可能性も否定できないからだ。

体重60kg強の私が15kgの荷物を背負うと25%増である。柿ピーのピーナッツが増量されるのなら嬉しいが、登山時の25%増量はちょっとうんざりする。

だからといってしんどそうな顔をして、他の調査員に哀れまれるのはシャクである。心の中とは裏腹にさも平気そうな顔をしてザックをかつぐ。

ちなみに、後日登頂したカタツムリ担当のチバの荷物はコンパクトなデイパック一つだった。近所の公園へのランチピクニックのような出立ちである。この島にいるカタツムリのサイズはせいぜい5㎜程度なので、小さなタッパー一つで1000個体以上保管できる。しかも採集にはピンセットがあれば十分だ。

私は骨のない動物は若干苦手なのだが、この時だけはちょっと羨ましかった。

さておき、荷物を担いだらいよいよ出発だ。登り始めたら、その先は自分の力で踏破しないと誰も助けてはくれない。

だいたいこういう調査は計画を立てている時が一番楽しい。いざ現地で調査を始める時には、しんどそうな行程を前に怖気付き、来るんじゃなかったとひとしきり後悔するのはいつものことだ。泣き言を言っても誰も優しくしてくれないので、覚悟を決めて第一の関門である10ｍの垂壁にとりつく。

下半分はハシゴなので楽ちんである。

ハシゴが終わると、岩壁の凹凸に足をかけながら登っていく。両手両足の4ヶ所のうち3ヶ所以上を常に接地させる三点支持が基本姿勢となる。

ロープも設置されているが、これに頼りすぎてはいけない。慣れないニワカ登山家風研究者がロープに頼ると、かえってバランスを崩す。ロープは補助的な使用にとどめ、なるべく自分の力で体を支える。ボルダリングジムに通ったおかげで、思いのほかスムーズに岩の突起をつかんで体を上に引き上げられる。

ハシゴが足りない

この調子なら、なんとかコルまで頑張れそうだ。

☜ 二人合わせて

登山の基本装備は、頭のヘルメットと腰に装着したハーネスだ。

ヘルメットはもちろん落石や転倒などから頭を守るためのものである。ハーネスは、腰の周りにいろいろな装備をひっかけるための大袈裟なベルトみたいなものだ。ハーネスにはカラビナやユマール、エイト環といった山登りの道具がジャラジャラと装着されている。

これをつけるだけでなんだかベテラン登山家になったような気分になり、いつもよりも少しだけ頑張れる。映画「ロッキー」を見終わった直後に興奮してスタローン顔になり、なんだか今なら不良に囲まれても勝てるんじゃないかと勘違いしてしまうような心理的効果がある。おそらく脳内で何か麻薬的な化学物質がドバドバと出ているのだろう。

ルート工作班のお膳立てのおかげで、垂壁は難なく登り切った。

さぁ、コルを目指して斜面を登っていこう。意気揚々と一歩足を踏み出すと、次の瞬間には空間がねじ曲がる。

「おかしい、前に進んだはずなのにまた同じ場所にいる。ついに空間転移能力を身につ

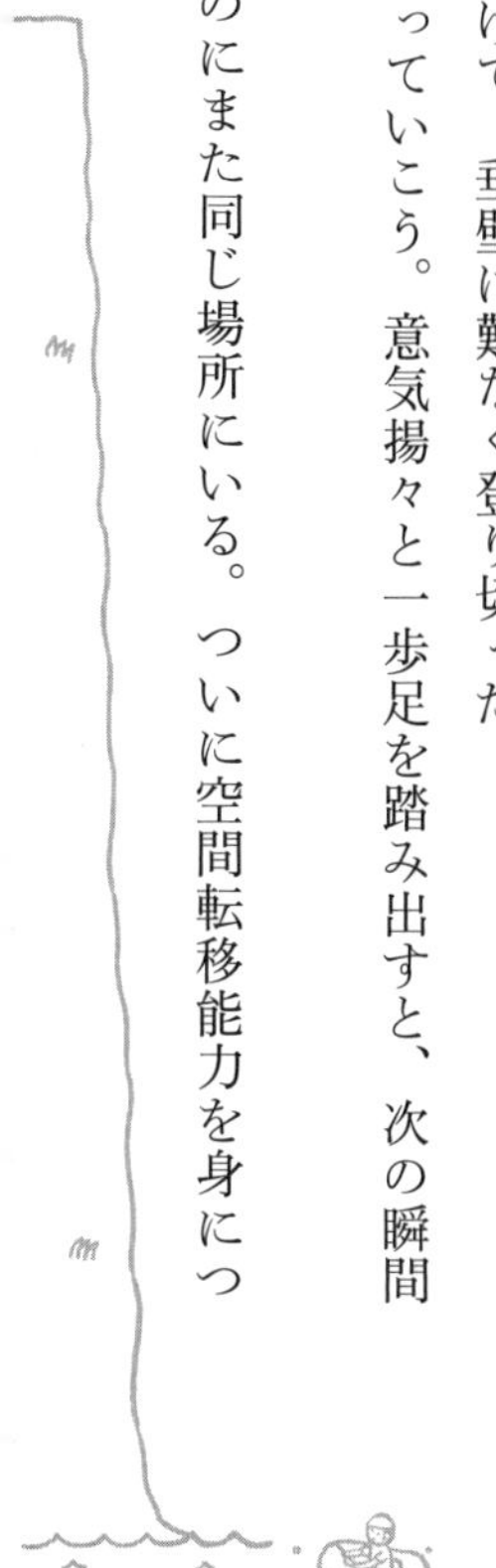

けてしまったのか？」

ためしに目を閉じてコンビニに行きたいと念じてみたが、ビタイチモン動いていなかった。どうやら特殊能力のせいではないらしい。

ここは谷とは名ばかりの崩落地である。常日頃生じている土砂崩れが今日はちょっと休憩しているだけだ。急傾斜には、前回はぎりぎり崩れ落ちなかったが次回は崩れるであろう土砂がぎりぎり堆積している。

このため踏み出した一歩に力を込めると、体が持ち上がるのではなく、崩れる土砂と一緒に足が下に下がってしまうのだ。人生は3歩進んで2歩下がるからこそ少しずつ前に進める。1歩進んで1歩下がる人生はあまり発展的ではないし、油断していると勢いで2歩分下がってしまう。

ルート工作班がコルまで途切れることなくロープを張ってくれたのは、そんな不甲斐ない私たちのためだ。ここからは、このフィックスロープを頼りに斜面を登る。ただし、ロープを手でたぐっていくわけではない。そんなことをしていたら、摩擦で指紋がなくなってスマホの指紋認証が使えなくなる。

フィックスロープには二つの機能がある。安全確保機能と、登山楽ちん化機能だ。

ハーネスには短い命綱が繋いであり、これをカラビナでフィックスロープにかける。これをセルフビレイと呼ぶ。フィックスロープは要所要所で木や岩に固定してあるので、万が一足を滑らせても数十ｍの落下で済む。

ハーネスからはもう一本短いロープが伸びており、その先にユマールという器具が付いている。ユマールは登高器とも呼ばれるものだ。これをフィックスロープにひっかけてスライドさせると、内部に仕込まれた秘密部品のおかげで、上方向にはスライドするが逆戻りしないという便利道具だ。

腕を伸ばしてユマールを上にスライドさせる。足を一歩踏み出したら、ユマールを持った手で体を引き寄せる。そうすると、足場が悪くても前に進めるという塩梅だ。

正直なところ、ユマールがなかったら私はこの島を登ることはできなかっただろう。ちなみにこの画期的な道具を発明したのはユシィさんとマルティさんで、二人合わせてユマールらしい。ありがとう、ありがとう、ユマールさん。

今回の調査では、もう一つ便利グッズが投入された。ハイドレーションシステムである。簡単に言うと、水筒から伸びた長いホースで水を飲む道具だ。亜熱帯の日差しの中で活動していると、普段からは想像できないくらい汗をかく。この島で一番怖いのは熱中症であ

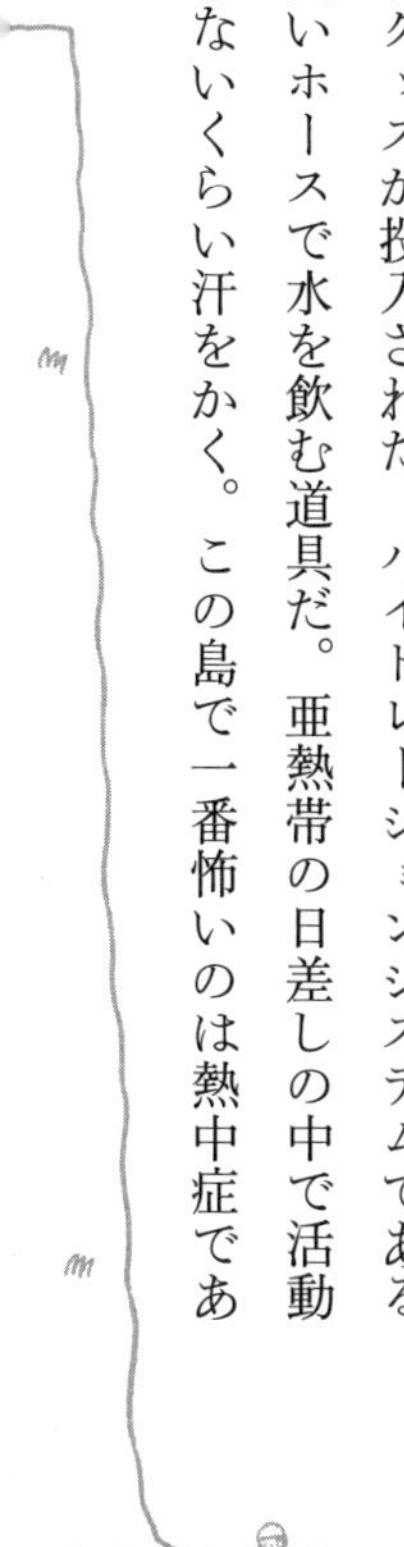

る。水の補給が命運を分けるのだ。

「喉が渇いてからガブガブ飲むと消耗が大きいので、喉が渇いていなくても10分に1度ぐらいの頻度で少量の水を飲んでください」

ニワカ登山家にとって本物登山家アマノの言葉は神の託宣だ。ここで生き残るためには、素人判断はせず彼の言う通りにするのが正解である。

ザックからいちいち水筒を取り出すのは大変だが、ハイドレのチューブを肩のあたりに伸ばしておけば、歩きながらいつでも簡単に給水できる。ただし、水を摂取して汗をかくとミネラルが不足するため、中に入っているのはスポーツドリンクだ。

なお、南硫黄島調査を境にして小笠原のフィールド研究者の間ではハイドレブームが起きる。だって、便利なんですもの。

☞ フライング・オブジェクト

炎天下の日差しの中、崩落地を登り続ける。フィックスロープがあるとはいえ、足場が崩れやすく登りづらいことには変わりない。足場が崩れると、土砂が下方に落ちていく。時には大きな石が落ちることもある。連なって登ると後方の人間が落石を受けてしまうの

足を滑らせたら海

で、前の人間と間隔をあけて、安全を確保しながら進まなくてはならない。

注意をしていても、どうしても落石を起こしてしまうことがある。そういう時は大きな声で後続の注意を促す。

「ラァーック！」

「落石」の「落」の意だが、英語の「ロック」にも聞こえるので、外国人にも同じ意味で伝わるらしい。豆知識である。

少し進んでは立ち止まる。また進んでは立ち止まる。斜面との戦いはカロリーを消費するため、時折カロリーメイトを口にする。空腹は集中力を低下させるため、携帯食は不可欠だ。

もう標高200mぐらいまでは登っている。

にもかかわらず、ふと後ろを振り返るとまるで足元に海が広がっているような錯覚を覚える。斜面が急すぎて感覚がおかしくなり、海が真下に見えるのだ。

登っている最中はあまりにも必死になっていて、周囲を見回す余裕がない。せめて待ち時間には周りの様子を見ておこうと、あちこちに目をやってみる。

崩落地の両側の尾根はゴジラの背びれのような板状の岩が連なっている。これは岩脈といい、岩の割れ目に入り込んだマグマが冷えて固まったものだ。岩脈は他の岩に比べて硬いため、周囲が侵食された時に背びれ状に残ったのだ。

その岩脈の上でカツオドリが営巣している。岩脈の向こう側からは白くて大きな鳥が飛び出してくる。真っ赤な尾羽をたなびかせるアカオネッタイチョウが悠々と滑空している。標高が高くなっても、彼らにとってここはまだ海岸のようなものなのだろう。

そんな白い鳥の中に、全身真っ黒な鳥が交じっている。

海鳥と同じように翼を広げて滑空している。時には翼を折りたたんで急降下し、時には上昇気流に乗って尾根上まで駆け上がる。

その鳥を双眼鏡でよく見ると、翼が羽毛ではなく皮膜でできている。鳥ではない。オガサワラオオコウモリだ。

オガサワラオオコウモリは翼を広げると１ｍにもなる大型のコウモリだ。南硫黄島に自然分布する唯一の哺乳類だ。このコウモリは小笠原諸島の他の島々にもいるが、普通は夜行性で昼はグースカピーと寝て過ごす。しかし、この島では昼日中から空を飛び回っているのである。

まぁ、多くの個体がいればそんな異常な行動をする個体がいてもおかしくない。たとえば、ねぐらで休んでいたところにカツオドリがやってきて、驚いてイレギュラーに飛び立ってしまったのかもしれない。

しかし、よく見るとあちらでもこちらでも飛んでいる。ということは、これはイレギュラーな行動ではなく、この島では普通の行動である可能性がある。

私は小笠原のいろいろな島で調査をしてきた。このため、小笠原の生物のことはそれなりに知っているつもりだった。しかし、この島では私の経験は役に立たないかもしれない。それどころか、先入観が目を曇らせる危険性がある。

目の前にある事実を、まずは事実として受け入れよう。自分の予測と違うからといって、否定してはいけない。この島ではオオコウモリは昼に飛ぶのだ。

南硫黄島の自然は私が過去の調査で得た知見とは別物なのである。予想がつかないから

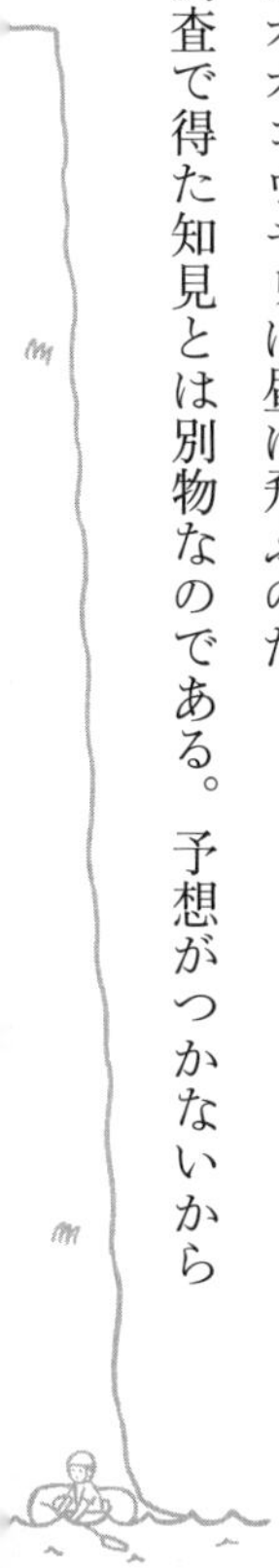

こそ、私たちはここに調査に来たのだ。

☞ユマール！

しばらくは開けた場所を登ってきた。しかし、標高300mぐらいを越すと、ところどころで崩落地の周囲に発達した低木林の中を通過する。海岸近くの林はアカテツやセンダンといった樹木が多く、乾いてまばらな林だった。ここはコブガシやチギの割合が高く、湿り気があるちょっとしっかりとした林だ。高標高域にとりついた雲から供給された水分が、重力にしたがってここまで潤しているのだ。

常緑樹の葉でできた自然の天蓋によりギラギラの日差しを免れることができて、少し体がほっとしている。

余裕ができて周囲を見ていると、ルート沿いのところどころで岩に打ち込まれたハーケンや、残置された古いロープがある。とても古いものだ。おそらく25年前の調査隊が回収しきれなかったものだろう。この同じルートを、確かに前回の調査隊も登ったのだ。

先達の足跡を見ると、厳しい道のりも必ずクリアできるのだという気がしてきた。

そして、永遠に続くかのように見えた斜面の上部が切れて、視界の端に稜線が現れる。

先行していた植生班が笑顔で迎えてくれた。

コルに到着である。海岸ベースキャンプを出発したのが6時、コルに到着したのが10時20分だった。厳しい地形と陽光のため疲労がつのり時間が長く感じたが、ほんの4時間程度だったのだ。

「ユマールがなかったら無理でしたね」

「ユマールさんのおかげですね」

コルでは、会ったこともないユマールさんの話題一色だった。調査隊員の誰かがノーベル賞委員になったら、ユマールさんにノーベル登山賞を授与しようと意見が一致した。そしてこの日から、調査隊での乾杯の掛け声が「ユマール!」に統一された。

人間は、疲れるとくだらないことで盛り上

がるものなのだ。

［7］森を抜けて高みを目指せ

☜闇から見ている

私たちが到達したコルは崩落地の上部の少し平坦になった尾根部だ。ここは低木林に覆われておりくつろげる場所はそれほど広くはないが、わずかに平らな場所を探して日陰でひと息つく。

空腹のためカロリーメイトを口にする。登攀中にもちょこちょこと食べていたにもかかわらずいつもよりお腹が空くのは、いつもより厳しい斜面を登ったからだろう。

ふと手の中の携帯食を見ると、「カロリーエイド」と書かれている。なんと、見た目はそっくりだが、大塚食品のカロリーメイトではないではないか！

カロリーメイトは400キロカロリーあるが、カロリーエイドの箱を見ると300キロカロリーしかないようだ。どうやら節約上手な事務局が安価な商品を購入したらしい。いやはや、この過酷な山を登るのにそこで節約するのはやめておくれ。

25％オフのカロリーを補うべく、ベルトを25％きつめに締める。これでなんとか誤魔化

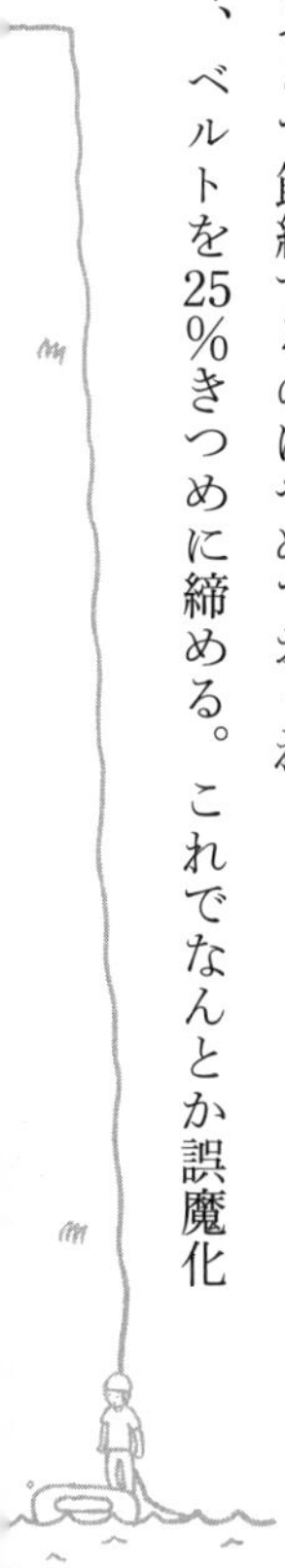

せるだろう。

よし、気を紛らわせるため周囲を観察しよう。

周りを眺めると、コルでは足元に深い土壌が発達していることに注意が向く。ここには土があるのだ。

山に土があるのは普通のことに思えるかもしれないが、低標高地ではあまり目にすることがなかった。崩落地は土壌が発達する前に地面が崩れて落ちていってしまうし、海岸部は落石でできている。アカパラは土壌が堆積しているものの、上で崩れた土砂が堆積している不安定な場所だ。

一般的には土壌は上から下に流れて、より低いところに堆積する。このため斜面よりも平地に、高標高地より低標高地に土壌がたまりやすい。しかし、南硫黄島は釣り鐘型をしているため、低標高地に流れた土壌はそのまま海に流出してしまう。そのおかげで、この島では土壌が主に高標高地で見られるという逆転現象が起こっているのである。

土壌が発達すれば植物が深く根を張り、立派な森林が発達する。森林が発達すれば、植物を食べる昆虫が多く棲み、昆虫を食べる小鳥やトカゲなどの生活が支えられる。普段は地面なんか靴を支える土台としか思っていなかったが、この島ではその存在の大きさを感じる。

さて、森林の林床は一般的には草や稚樹が生えていたり、落葉がたまっていたりするものだ。だが、ここコルでは様子が違い、地表では土がむき出しになっている。

その地面のあちこちに直径10cm強の穴が開いている。あまりにもたくさん穴があるので、おにぎりを落としたら高確率でころりんすっとんとんと吸い込まれる。こんなところで穴の主と一悶着するのは願い下げだ。いやはや剣呑剣呑。

かじっているカロリーエイドを落とさないように細心の注意を払っていると、穴の中で雑巾色の毛玉がもぞもぞ動いている。毛玉には黒くて丸いガラス玉がついていて、こちらをうかがっている。

そこにいたのは、まるまると太ったシロハラミズナギドリのヒナだ。

シロハラミズナギドリは全長30cm、翼を広げると70cmほどになる海鳥だ。その名の通り、背中が黒くお腹が白い。魚を捕まえやすいよう、先が鉤《かぎ》形になったくちばしがチャームポイントだ。

南硫黄島の山上地下帝国は、彼らのような海鳥が支配している。

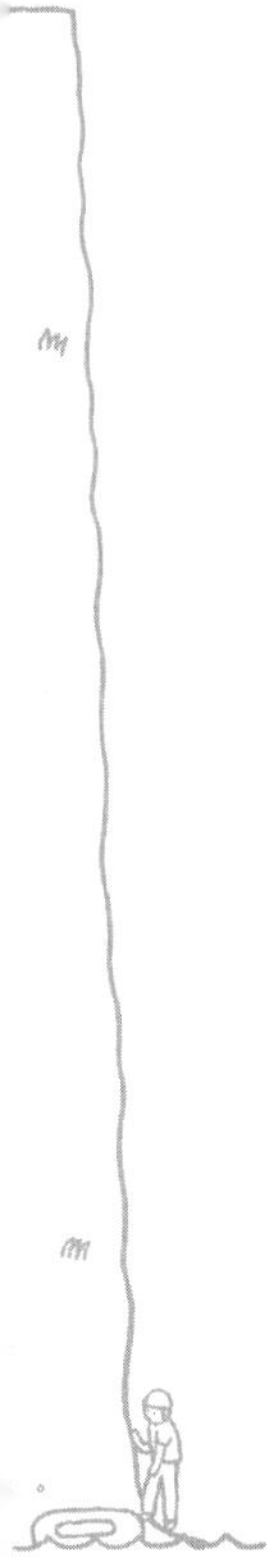

☜森の海鳥に挨拶

海鳥と聞いてまず思い浮かぶのはカモメかもしれない。そうだとすれば、それはジョナサンの功績である。または、その雄大な姿で有名なアホウドリを思い出す方もいるだろう。

これらの海鳥は地上に巣を作る種類で、草原などの開放的な場所で集団繁殖することが多い。

一方でミズナギドリの仲間は地下にトンネルを掘って巣を作る控えめな鳥たちだ。

彼らは滑空するのに適した長い翼を持ち、易々と長距離を飛び回ることができる。しかし、その代償としてミズナギドリたちは、カモメのように小回りをきかせて機敏に飛び回ることができない。また、アホウドリのような大きな体も持っていない。このため、タカやハヤブサなどに襲われるとひとたまりもない。外から見えない穴の中に巣を作るのは捕食者対策という意味があるだろう。

そんな地中営巣性の鳥たちが巣穴を掘るためには、土壌が発達した場所が必要だ。点滴なら岩をも穿てるが、残念ながら鳥の嘴《くちばし》はそれほど根気がないので岩盤は苦手だ。このため、彼らは穴を掘りやすい土壌が発達した場所を好む。

南硫黄島の海岸沿いは岩石と崖地に覆われているため、ミズナギドリの繁殖にはあまり

適していない。一方で、崖の上には土壌があるため巣穴を掘ることができる。そして、土壌が発達している場所には森林が発達している。

海鳥というと、海の鳥だと思うだろう。そういう名前なのだから、そう思って当然である。確かに彼らは海で魚やプランクトンなどを食べている。

しかし、南硫黄島では海鳥は森林の鳥なのだ。

シロハラミズナギドリはハワイと日本でしか繁殖していない海鳥だ。しかも日本で繁殖しているのは、小笠原諸島最北端の島である北之島とここ南硫黄島だけだ。北之島の繁殖地は非常に小さいので、日本で繁殖するシロハラミズナギドリの99％はこの島にいる。日本最大のシロハラミズナギドリ繁殖地を目の当たりにすることは、今回の調査の目的の一つである。

いよいよ南硫黄島の真骨頂の到来だ！

☜山登りは謝罪とともに

シロハラミズナギドリ繁殖地の只中にいることに興奮しつつも、ひと息ついたらまた歩き始める。

コルでじっくりとシロハラミズナギドリの調査をしたいところだが、ここは後回しにしてまずは山頂の調査をしなくてはならない。

万が一コルの調査が十分にできなくとも、ここまでならもう一度日帰りでも登ってくることもできるかもしれない。しかし、山頂の調査が不十分だからといって、再度アタックするのは現実的ではない。山頂までは遠いため、もしまた調査をするとしたら泊まりがけとなる。そのためには水や食料を改めて荷上げしなくてはならないが、調査隊には日数にも人員にも余裕がない。コルよりアプローチが難しい山頂の調査を優先するのが最善策である。

再び荷物を担ぎ、私たちは登山を再開した。

ここからは崩落地の中ではなく、尾根沿いの森林の中を歩き始める。海岸からコルまでに比べると傾斜は緩やかに感じる。

とはいえ、ここでは崩落地とはまた異なる緊張感がみなぎる。

地中にはシロハラミズナギドリの巣穴が縦横無尽に張り巡らされている。直径10㎝ちょい、時には１ｍ以上の深さにもなるトンネルだ。このトンネルの天井は脆弱で、間違って足をおくと容易に踏み抜いてしまう。

普段この島で地上を歩くものは、シロハラミズナギドリ自身と、間違って地上に降りたオガサワラオオコウモリぐらいだろう。ともに体重５００ｇ以下なので、天井が頑丈である必要はない。

しかし、今日歩いているのは体重が１００倍以上ある巨人たちだ。

下にトンネルがなさそうな場所を見極め、次の一歩をそろりと踏み出す。見極めるといっても、なんの手がかりもないので10割がた勘である。このため、いきなり体重をかけるのではなく、ゆっくりと重心を移す。

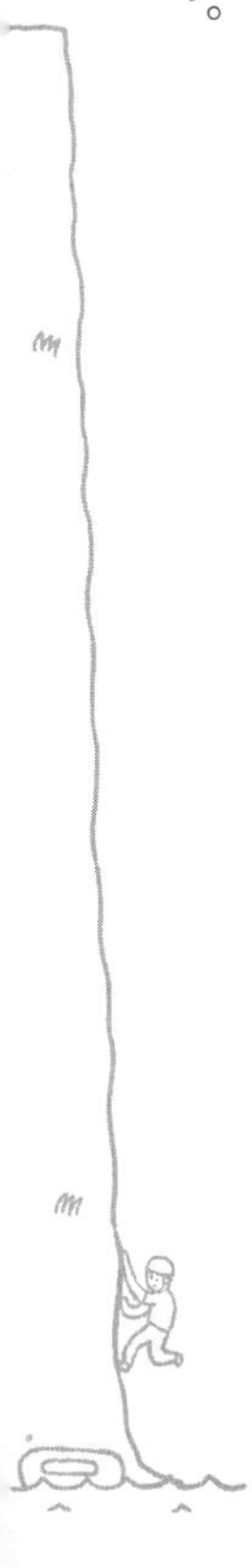

もし少しでも足が地面にめり込んだら、そこはアウトだ。その下にはいたいけな雛がいるかもしれない。そっと足を戻し、再び勘を働かせる。

こういう時は、巣穴の入口の前を踏むのが良い。入口はいかにも巣の近くすぎて、歩いちゃいけない気がしてしまう。しかし、実際には巣を踏み抜く確率が最も低いのはこの場所だ。なにしろ、トンネルはその穴から逆方向に伸びているのである。

黒ひげ危機一発的緊張感を保ちつつ、ゆっくりと足場を確かめて前に進む。残念ながら巣穴の数が多すぎて、一つも踏み抜かずに歩くことは難しい。自然豊かな場所で調査をするということは、それだけ撹乱をしやすいということなのだ。

ズボッ。時にはトンネルの天井を踏み抜いてしまう。

巣穴の踏み抜きは、鳥たちにとっては生死に関わる問題である。同時に踏み抜いた方もかなりの精神的なショックを受ける。

ごめんなさい、ごめんなさい！

心の底から謝罪しながらトンネルに落ちた土を取り除き、鳥たちが生き埋めにならないよう通り道を確保する。

幸いにも天井ごと雛を踏みつけてしまうような惨事は起きなかったが、登攀ルート沿いの巣穴は若干風通しがよくなってしまった。彼らが無事巣立ってくれることを祈るばかりだ。

この調査の目的の一つは、生態系保全のための基礎情報を得ることにある。保全のための調査により保全対象である海鳥の繁殖を阻害してしまうことには、強い悔恨の念を抱かざるを得ない。

しかし、だからといって調査をしなければ、この島の自然の持つ価値を証明することはできないし、何をどうやって保全すればいいのかもわからない。私たちは自然に対してインパクトを与えながら、そのマイナス以上の成果を出さなくてはならないのだ。

中途半端な調査は許されないな。

ミズナギドリ高密度営巣地帯を歩きながら、その重要性が身にしみて理解できた。

☞ 空白の25年

今回の調査に出発する前、私は１９８２年に実施された前回調査に参加した先輩を訪ねた。当時日本野鳥の会の研究部に所属し、鳥類調査の担当を務めた塚本洋三さんである。

初対面の私に対し、塚本さんは写真とともに当時の調査の様子を気さくに教えてくれた。

彼の話によると、コルから山頂まではミズナギドリの巣穴だらけの低木林内を歩いて登っ

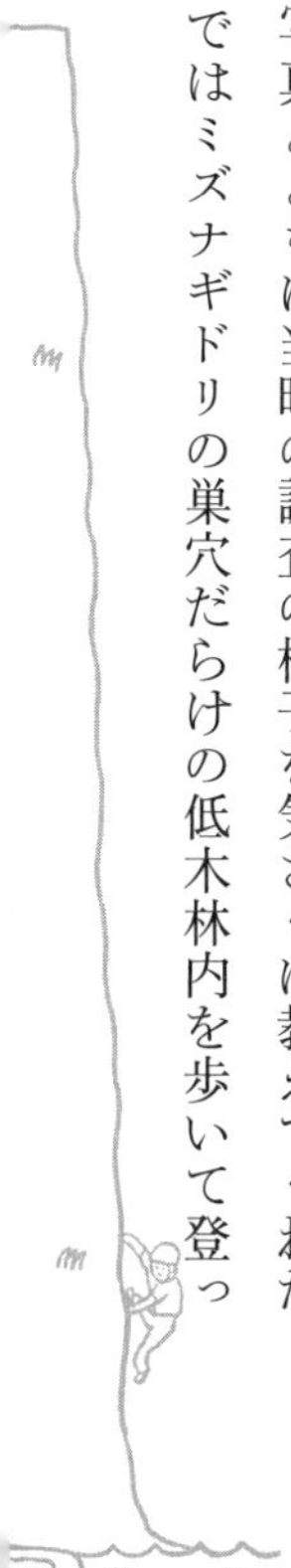

たということだった。

鳥の研究をする身として、海鳥の繁殖地にいられることはとても幸せなことである。しかし、このまま山頂まで緊張感あふれるミズナギドリ天国が続くと思うと、神経がすり減る。

そう思いながら尾根沿いのルートを進んでいると、突然森林が終わり開けた草地に出た。草地といってもそれほど立派な草地ではない。ところどころ岩盤が剥き出しになっている貧弱な草地だ。おかげで足元がしっかりとして急に歩きやすくなった。

周囲を見渡すと低木がまばらに生えている。ところによっては土壌が深く巣穴も散見するが、土壌が薄い場所が広がっており巣穴を踏み抜くこともなさそうだ。

塚本さんから聞いていたのとちょっと雰囲気が違っている。もしかしたら、25年前の調査隊が通ったルートとずれているのかもしれない。周囲は雲霧に覆われていて遠くまで見通せない。霧の向こうには低木林が広がっているのだろうか。もしそうだとしたら、林内より歩きやすいルートを通れてラッキーだ。

そうでなければ、塚本さんの記憶違いだな。25年も前のことだから仕方あるまい。いずれにせよ歩きやすいのはありがたい。

先輩に責任をなすりつけながら登っていると、ルート横の足場が急に視界からなくなり若干ドキドキした。

新鮮な崩落地だ。つい最近土砂崩れが起こったようで、むき出しになった土はまだ風化しておらず、断面はゴディバのチョコレートドリンクのような綺麗な茶褐色をしている。その下には青い海が広がっている。ここは双六の「振り出しに戻る」のリアル版だ。

そういえば、地質調査担当として参加しているシュンが言っていた。

「崩れずに土が乗っていられる角度を『安息角』と言います。この島の傾斜は安息角ギリギリですね」

崩れやすいのはコルの下の崩落地の中だけではないようだ。この島の大地は急傾斜にギリギリの状態でへばりついている。台風などの悪天候で土が水を含み重くなれば、限界は容易に突破されることだろう。安息角に耐えられなくなれば、このように崩れてしまうのである。

歩きやすいからといって注意力を節約している場合ではなさそうだ。今さら振り出しに戻りたくはないので、考え事はほどほどに山頂に向けた登攀に集中する。

［8］山頂は死体とともに

☜天国に一番近い島

山頂に到達すると、そこは天国だった。

私の理解では、天国とは死者の世界である。同時に天国は幸せな世界でもある。私の目の前に広がっていたのはまさにそんな光景だった。

南硫黄島の山頂には森林があり、深い土壌が発達している。前回調査の報告によると、ここには多数のクロウミツバメが繁殖している。

たくさん繁殖していれば、その数に応じて多数の死体が生産されるはずだ。そのことを証明するかのように、ここには多数の海鳥の死体があふれていた。一見すると地獄絵図のようなこの光景は、研究者にとっては天国そのものだ。

普段の鳥の調査では、私も主に生きた鳥を相手にしている。

だが、生きた鳥は捕まえるのに手間がかかる。捕まえたら捕まえたで、噛むわ、喚くわ、糞をするわと好戦的な態度で挑んでくる。しかも、サンプルとして筋肉を採ったりするシャイロック的手法は倫理的に許されないし、衰弱するとまずいので長時間さわり回すわけにもいかない。もちろんお持ち帰りもできず、速やかに放さなくてはならない。

生きた鳥は、行動を観察できるというメリットがあるものの、取り扱い上はめんどくさいのだ。

一方で、死体は従順だ。噛まない、鳴かない、糞しない。どんなにじっくりとさわっても文句ひとつ言わず、無論テイクアウトも可能だ。

このため、私は生きている鳥より死んでいる鳥の方が好きである。別に変態なのではなく、研究者とはそういうものなのだ。

さて、たくさんの死体と出会うためには二つの条件が必要である。

一つ目の条件は、死体がたくさん生産されることだ。これは前述の通りここが大規模な集団繁殖地であることにより達成されている。

そして、もう一つの条件は、生産された死体が速やかに分解されないことだ。たくさん生産されても、どんどん姿を消していっては出会える確率が低くなるからだ。この島では、この二つの条件がそろっているのである。

普通の場所では、死体はネズミやネコやカラスなどに食べられて速やかに生態系の中に

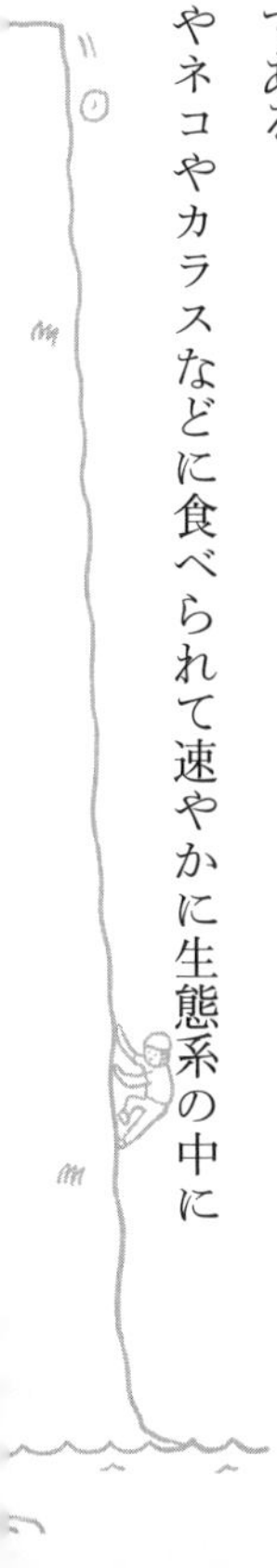

取り込まれていく。だが、南硫黄島にはそのような大型で旺盛な分解者がいない。しかも、ここは亜熱帯とはいっても標高９１６ｍの山頂だ。周囲を取り巻く雲霧によって太陽光が遮られていることも多く、思いのほか涼しい。このため死体が腐るスピードが遅く、ゆっくりと分解されていくのだ。

☞クロパラ

周囲を見回すと、いろいろな死体が落ちている。

最もよく見られるのは、まだ翼の伸びきっていない幼鳥の死体だ。鳥の羽毛は鞘《さや》に入った刀のように、細い棒のような状態で生えてくる。次にその先端から筆のように羽毛が出現する。だんだんと鞘が割れて羽毛が広がり、私たちがよく目にする平らな正羽《せいう》になる。幼鳥の羽毛はその途中段階なので、まだ飛ぶことができない。そういえば調査の１ヶ月ほど前に台風が直撃した。雨に濡れて体温が低下して多数が死んだのかもしれない。

死体の多くは地面に落ちていたが、中には蔓《つる》に絡まってぶら下がっている成鳥の死体もあった。地上に着陸する時に間違って草むらに突っ込んでしまったのだろう。寄生する蔓に長い翼がひっかかり、もがいているうちに絡まってとれなくなったのだ。

そして、何者にも食べられないまま静かにカビが生えている死体もある。死因は不明だが、木にぶつかって落鳥したのかもしれない。落鳥とは、鳥が命を落とすことをちょっと専門家っぽく言いたくなった時に使う言葉だ。

それはともかく、無傷のまま静かにカビが生えている死体なんて、他の島では滅多に見られるものではない。私は、そよ風に揺れる白い菌糸の苗床を前に、この島の特殊性を実感した。

死体は栄養の塊である。生態系の中ではとても質の高い資源である。にもかかわらずそれが利用されることなくあちこちに散乱しているこの贅沢な空間。

これは島に過剰な海鳥があふれていることと、ネズミなど食欲旺盛で影響力の強い外来種がいないことの証左であり、それこそがこの島の特徴なのである。

そんな感慨を胸に抱きつつ、自分の使命を思い出す。

落ちている死体は、どうやらほとんどがクロウミツバメのようだ。クロウミツバメはオーストンウミツバメという近縁種にとてもよく似ているが、後者が真っ黒なのに対して前者は翼の上に白い斑点があるので見分けられる。幼鳥ではまだこの斑点が見られないが、ここではクロウミツバメしか繁殖が見つかっていないので、間違いないだろう。

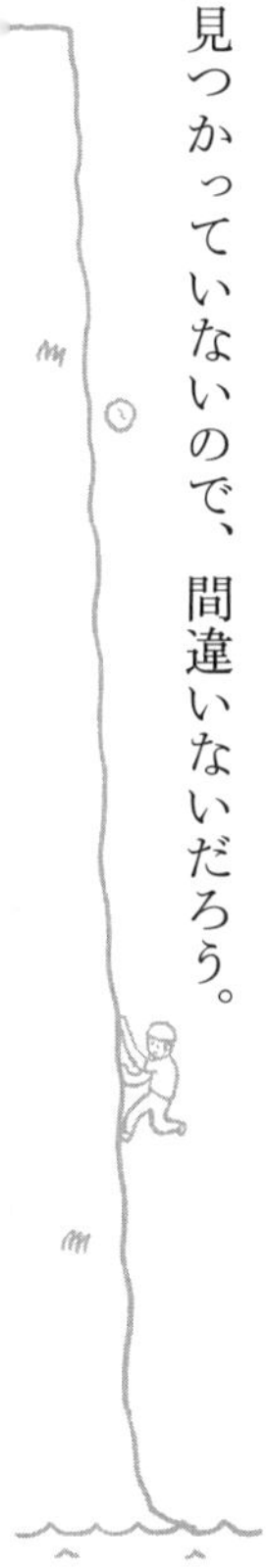

この島は、世界中で南硫黄島の山頂近くでしか繁殖していない。その面積はわずか0・3㎢、サハラ砂漠に換算すると、たったの1億分の3サハラしかない。

クロウミツバメの死体がたくさん手に入ることはなかなかない。しかも、巣立ち前の幼鳥の死体はここでしか手に入らない。

よし、ザックに詰められるだけ詰めて帰ろう。

なお、多数の死体に囲まれて大層気分が良かったので、私はここをクロウミツバメパラダイス、通称クロパラと呼ぼうと提案した。アカパラと対になる良い命名である。だが、残念ながらこの名前は定着しなかった。

そりゃそうだよね、山頂って呼べばいいいんだもんね。

☞紫陽花の花

海鳥の死体はあちこちに見つかる。とはいえ、ゾンビ映画のように折り重なって山積みになっているわけではない。数分歩くと次のを見つけるというぐらいの密度だ。これでも他の場所と比べるととんでもなく多い。

死体を探して下ばかり見ていると、首が痛くなってきた。そういえばあまり風景を見て

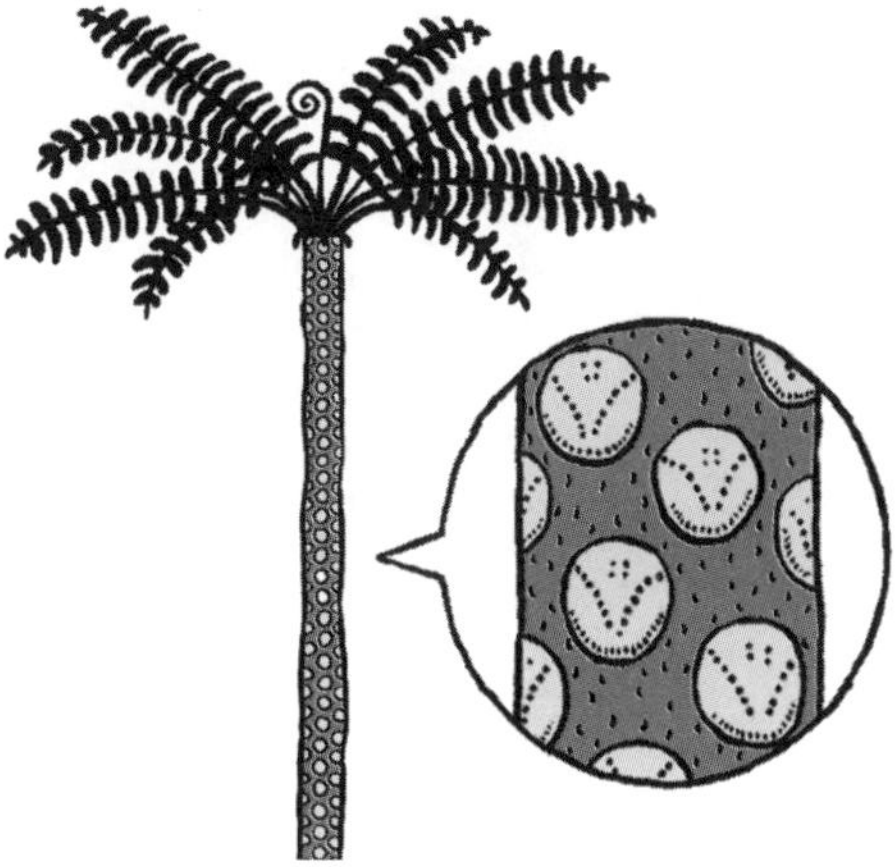

いなかったので、ちょっと周囲を見回してみる。

山頂は雲霧に包まれており、視界は20m程度だ。周囲には低木林が広がり、その中に大きなシダが交じっている。いわゆる木生シダと言われるもので、太い幹を持ち上部に長い葉が四方八方に広がっていて、巨大なタケコプターのような姿だ。

このような木生シダは小笠原の他の島でも見られる。しかし目の前のものは根本や途中から何本にも枝分かれしており、巨大なシメジの株のような格好をしている。火山列島固有種のエダウチムニンヘゴである。

他にもマルハチという木生シダも生えている。こちらは葉が落ちた丸い痕の中に「八」という字に見える模様が残っているので、覚えやすい。私が命名者でも、きっと同じ名前をつけたことだろう。

木生シダが生い茂る風景は、亜熱帯地域の特徴なので、それほど驚くに値しない。しかし、その合間に違和感のある植物が見え隠れしている。

低木の上に小さな花が集まったラベンダー色の花の鞠が乗っている。なんと、ガクアジサイだ。

ガクアジサイは珍しくもない植物である。だが、それは本州の温帯域での話だ。亜熱帯の小笠原で目にすることはない。

南硫黄島は、伊豆諸島と小笠原諸島の中で最も標高の高い島だ。標高が高くなると、気温が下がっていく。そのおかげで、南硫黄島は亜熱帯地域にありながら、山頂部は温帯的な環境になっているのである。

本州では平地にガクアジサイがある。伊豆諸島では標高数百ｍでガクアジサイが見られる。そして火山列島では標高７００ｍ以上に分布している。伊豆諸島と火山列島の間にある父島や母島などは標高が低く、ガクアジサイが生育できる冷涼な環境がない。

標高が高い島には必然的に多様な環境が生まれ、生物の多様性が増すのだ。亜熱帯の中にある温帯の風景に、しばし心を奪われた。

「あ、このサンプル採集しますねー」

チョキッ！

感慨に耽る私の目の前で、植生班のタカヤマが無常にもアジサイの花を持っていってしまった。

ここは学術調査隊、感傷とは無縁の理系集団なのだと改めて実感させられた。

「花を先に採っちゃうから、花に集まる虫が獲れなかったよー！」

調査の後半で二次隊として登頂した昆虫班のカルベがぼやくことになるが、こういうのは早い者勝ちなのだ。

☞ 南硫黄のまんなかで

山頂部の最も標高の高いところ、ザ・山頂オブ山頂はハチジョウススキに覆われていた。そこが伐開されて、狭いながらも平らな場所が作られている。のちに、ルート工作班のエースであるアマノが言った。

「南硫黄島の山頂に立った人は、１９３６年と１９８２年の調査隊の数十人だけですよね。そんな場所は日本には他にないですよ。世界でもそんなにはありません」

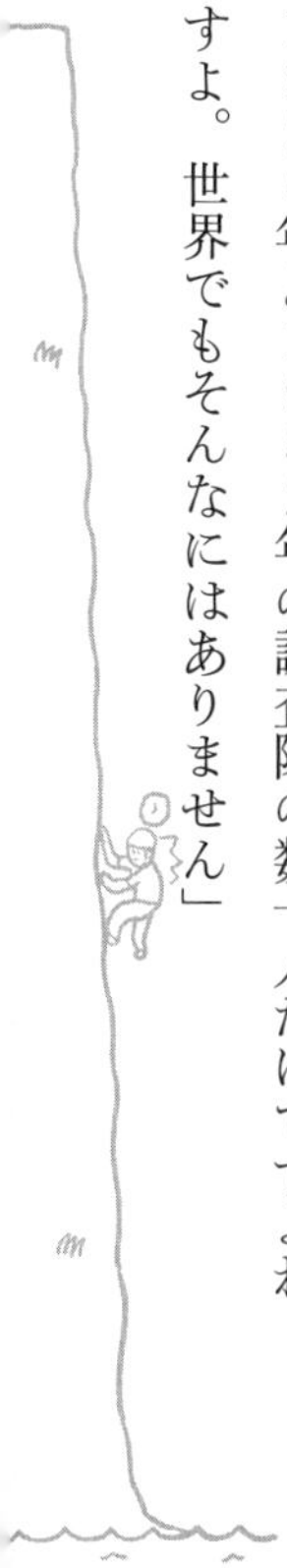

ザ・山頂オブ山頂

研究者だけでなく、登山家にとってもこの島は稀有《けう》な場所なのだ。

「エベレストもヒマラヤも、お金を払えば登れるんです。でも、ここはお金を積んでも来られないんですよ。だから、俺はこの島に来ることを選んだんです」

ルート工作班のアマノとムナカタは研究者ではなくプロの登山家だ。南硫黄に来るためには予備日や準備も含めて1ヶ月ほど確保しなくてはならない。それだけの時間をつくるのは、彼らにとっても大変だったはずだ。

山頂部には私たちが登頂する前にすでに水や食料、テントなどが運ばれていた。この島を選び、調査のためのインフラを確保してくれた彼らに感謝である。

一方で、視界の一角では地面に座り込み、記録班のヤナセが大きなカメラを抱えて悪戦苦闘している。

「湿度が高すぎて、エラーが出るんですよねー」

彼は重たい高画質カメラを、これまた重たく安定感のある三脚とともに山頂まで担いできたのだ。

「ま、なんとかなるとは思いますけどね」

彼は世界中の山に登り自然を撮影してきた屈指のベテランカメラマンである。きっとこのぐらいのトラブルはお茶の子さいさいヘノカッパなのだろう。

南硫黄島は頻繁に来られる場所ではない。だからこそ、その自然の姿をきちんと記録に残しておくことが不可欠だ。しかし、研究者は調査に熱中してしまい、しばしば記録を忘れてしまう。

このため今回は、記録班として映像プロダクションのディレクターのイトウとカメラマンのヤナセが参加してくれた。

アマノの言う通り、まだ世界で数十人しか立ったことのない山頂に到着できたことはとても感慨深い。しかしそれ以上に、プロフェッショナルな連中と一緒にここに立てたこと

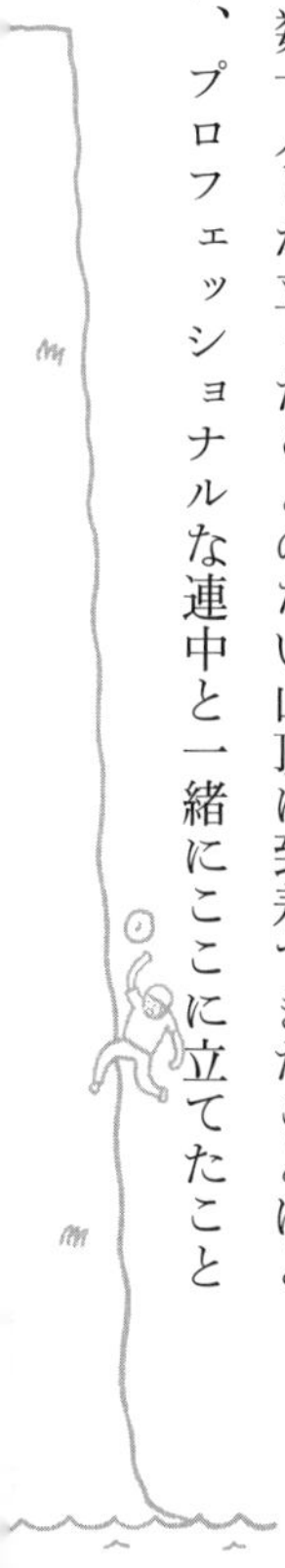

を名誉に思う。私もプロの鳥類学者だ。私が信頼している彼らは、私を鳥類学者として信頼してくれている。

よし、その期待に応えられる仕事をしよう。

［9］ハエ時々クロウミツバメ

☜ 大気が鳥で満ちる時

アルファ米にレトルトの麻婆丼をかけ、食欲を満たす。アルファ米はごはんを乾燥させたもので、水やお湯で戻して食べられる優れた保存食だ。デザートとして「甘栗むいちゃいました」もついていて、満足感が倍増する。

こういう過酷な野外調査では、食事だけが心安らぐひと時である。幸福のハードルは下がっているので、少しデザートがあるだけで大層幸せになれるのである。

日暮れ前の残光の中で食事を終えると、植生班は日中に採集した植物の整理をする。一方で、鳥類班はこれからもうひと仕事ある。夜間調査だ。

鳥類調査は私とハジメの二人で行う。ハジメは定点で、私は移動しながら調査を行う。この調査隊では安全のため単独行動を禁止しているので、それぞれバディとともに動く。私のバディはルート工作班のムナカタだ。ハジメは撮影班のヤナセとともに調査をする。

あたりはすっかり暗くなった。

調査道具をウエストポーチに入れ、デイパックを担ぐ。デイパックには水分補給のためのハイドレと携帯食が入っている。予定外に何かサンプルが手に入るかもしれないので、念のためチャック付きビニール袋も入れてある。

ヘッドランプを頭につけて立ち上がり、深呼吸をする。

「うっ、ぐぇっ！　おぇ！」

突如として不快感が口の中を襲う。いや、口の中だけではない。胃や気管にも不快感が侵入する！

絶大な嘔吐感とともに、世界で一番大きな声で咳き込む。苦しみのあまり目尻から涙があふれてくる。

なんと、ここの空気はハエでできていたのだ！

山頂周辺には多くの鳥の死体が落ちていた。それぞれの死体が、その何百倍、何千倍の数のハエを培養していたのだ。今、私の頭にはヘッドランプが煌々《こうこう》と暗闇を照らしている。その明かりに無数のハエが集まってきている。

顔の周囲で数千のコバエが雲のようにまとわりつき、呼吸とともに口内に侵入してくる。重量割合で考えると、周辺の空気の約１００％がハエである。

そもそも私は昆虫が苦手だ。その中でもハエは殿堂入りの上位ランカーである。おかげで気持ちが悪くて呼吸をしたくなくてしょうがないが、呼吸しないと死体の仲間入りをしてハエを増殖させる苗床になってしまう。

なんという皮肉！　なんという悪夢！

しかし、冷静さを失えば奴らの思う壺だ。信じられるは我が身のみ、なんとか自力で解決するしかない。

問題は何か。最大の問題は私が昆虫を苦手なことだ。

ハエは昆虫である。しかし、この昆虫は何でできている？　彼らは海鳥を食べて成長したはずだ。つまり、彼らの体は海鳥でできているのだ。

そうすると、私の口に入ってきているのは、鳥なんじゃないのか？

なんだ、鳥か。ふむふむ、それならなんとか耐えられそうだ。鳥類学者だからな。

混乱状態から脱し、静かに呼吸を整える。口の中に入ってきたハエをペッと吐き出す。入った数より出ていく数が3割くらい少ないような気がするが、まぁ鳥ならしょうがないな。

トリダカラダイジョウブ。トリダカラダイジョウブ。

おまじないを唱えながら、心のスイッチをオフにする。冷静さを取り戻した私は、いよ

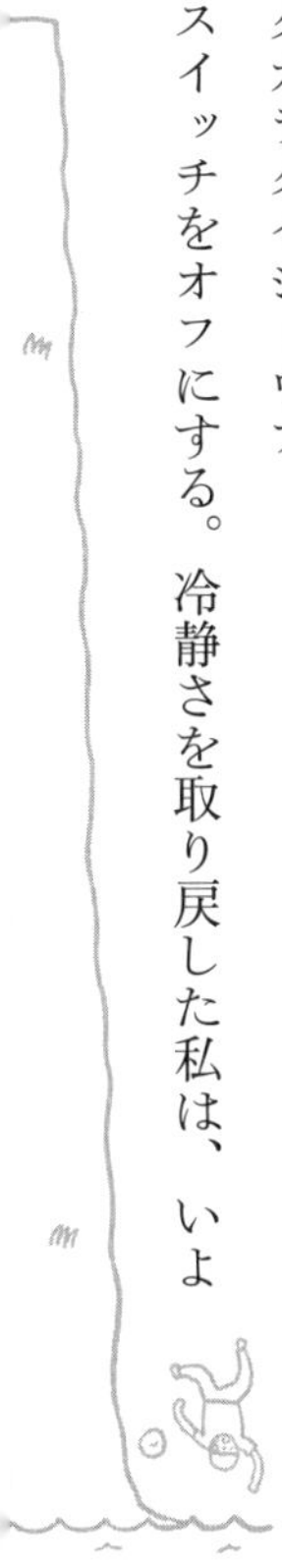

いよ夜間調査を開始した。

☞黒い天使の帰還

私とムナカタは暗い山頂に立ち、その時を待っていた。

空の彼方から鳥の鳴き声が聞こえ始める。その声が近づいてきたかと思うと、鮮烈な風切り音があちこちに響き始める。

ヒュンッ、シュゥーーーーッ！

突然空から無数の黒い鳥が嵐のように降り注いでくる。宇宙船で爆走しながらアステロイドベルトに突入したらきっとこんな感じだろう。

クロウミツバメの集団が空から繁殖地に帰還してきたのだ。おそらく周辺には数百羽、もしかしたら千羽以上いるかもしれない。

クロウミツバメは夜に巣に戻ってくる。その翼は滑空に適して細長く、小回りがきかない。このため、木や大地にぶつかりながら乱暴に着陸するのだ。結構な勢いでぶつかっているので、脳震盪《のうしんとう》を起こすものもいるだろうし、絡まった蔓に突入して身動きがとれなくなるのもうなずける。どおりで死体天国になるわけだ。

いずれにせよ、これはミズナギドリやウミツバメなどの繁殖地でないと経験することのできない光景だ。私ももっと小規模なものなら経験があった。しかし、この島の状況は別格だ。

　人間や外来生物の影響を受けていない南硫黄島では、海鳥たちは超高密度で繁殖している。おそらくクロウミツバメは山頂周辺だけで数万つがいが繁殖している。それがアメアラレと降り注いでくるのだ。

　しかも彼らは光に誘引される性質がある。体重わずか50g程度とはいえ、頭につけたヘッドランプめがけて四方八方から猛スピードで突っ込んでくるのだ。しかもその自動追尾型ミサイルの先端にはくちばしがついている。くちばしの先端は魚やプランクトンをとらえるため、鋭い鉤形だ。

ハエの時は精神面をやられたが、今回は肉体の危険を感じる。

しかし、それもまた喜びの一部だ。こんな経験ができる場所はなかなかない。しかも世界でここでしか繁殖していないクロウミツバメだ。

いやはや、この島に来ることができて私はなんとハッピーなんだろう！

☜秘密の足跡の正体

クロウミツバメが降ってくることはわかっていた。なぜならば、前回調査を行った塚本さんがそう言っていたからだ。

ここでクロウミツバメが繁殖していることを発見したのは彼である。１９８２年の調査の時に、この鳥が営巣しているのを見つけたのだ。そして、夜になって多数のクロウミツバメが大地に降り注ぐという稀有な光景に遭遇した。

私は調査に来る前に彼に会い、その時の写真を見せてほしいと頼んだ。

「いや、それが不思議なことに写真をろくに撮っていなかったんですよ。次々にクロウミツバメが降りてくる光景に夢中になってしまったんでしょうね。後で気づいてびっくりしましたよ」

写真を撮り忘れるほど鳥が降り注ぐのだ。そんな事前情報があったので心構えはあった。しかし、聞くのと体験するのでは全く違った。

普段の調査ではどちらかというと逃げゆく鳥を追いかけるのが商売だ。だが、ここでは鳥の方から私に向かって飛んできてくれるのである。実に感慨深い。

ただし、私がここにきたのは鳥の調査のためだ。感慨にふけっていたいところだが、そろそろ本業に戻ろう。

ゆっくりと歩きながら、ルート上に出現する鳥たちの種類と個体数を順々に確認していく。そして、落ちてくる鳥たちを捕獲しては足環をつけて放す。

鳥を捕獲するのは楽しい。古代からの狩猟本能に火がつくのだろう。時々噛まれて血がにじむこともあるが、それすらもイヤじゃない。

捕獲される鳥の中で最も多いのはクロウミツバメだが、それだけではない。中にはシロハラミズナギドリも交じっている。前回調査の記録によると、シロハラミズナギドリは山頂近くでは見つかっていなかった。海鳥の島内の分布も変わっているのかもしれない。

この山頂部での調査にはもう一つの目的があった。それは、25年前からの宿題である。塚本さんの報告によると、クロウミツバメでもシロハラミズナギドリでもない鳥の足跡が土の上についていたそうだ。しかし、その正体が何だったかは確認できていない。この第三の海鳥を見つけることが私たちに課せられた宿題だ。

前回見つけられなかったということは、個体数が少ないということだ。これはすなわち、より多くの海鳥を確認しなければならないということを示している。

地上に落ちている海鳥を拾っては足環をつけ、時には顔に張り付いてくる海鳥をひっぺがして足環をつける。

数十羽を捕まえたところで、ついに異なる特徴を持つミズナギドリが見つかった！

シロハラミズナギドリ同様に、背が黒く腹が白い。しかし、シロハラよりもくちばしが長く、シロハラに特徴的な翼の裏の黒い模様がない。

これは、セグロミズナギドリだ！

さらに探していくと、数は少ないもののセグロミズナギドリが一定の頻度で見つかる。数えてみると、標高８００m以上では見つかった海鳥の６%がこの種だった。

ミズナギドリが陸地に飛来するのは、基本的には繁殖のためだけだ。彼らはここで繁殖している可能性が高い。

捕獲をしていると、セグロミズナギドリのくちばしや足が土にまみれていることに気づいた。ということは、彼らは穴の中に入っているのだ。ミズナギドリ類は地面に穴を掘って、その中で卵を産み子供を育てる。土が体についているのは穴の中にいたことを示している。

セグロミズナギドリは世界に広域に分布する種類だが、小笠原で繁殖する集団は固有の亜種とされている。ただし、この亜種の繁殖地がどこにあるかはわかっていなかった。奇しくも南硫黄島調査を行ったのと同じ２００７年に、父島列島の東島でこの鳥の営巣が初めて確認されたが、それ以外に繁殖地は見つかっていない。

残念ながら南硫黄島では巣そのものを見つけることはできなかったが、状況証拠からセグロミズナギドリは山頂周辺で繁殖しているものと結論づけられた。

なお、先述の通りセグロミズナギドリもシロハラミズナギドリも背中が黒くお腹が白い。実はミズナギドリ類はだいたいこの色彩をしている。ちょっと名前が無個性すぎやしないかい？

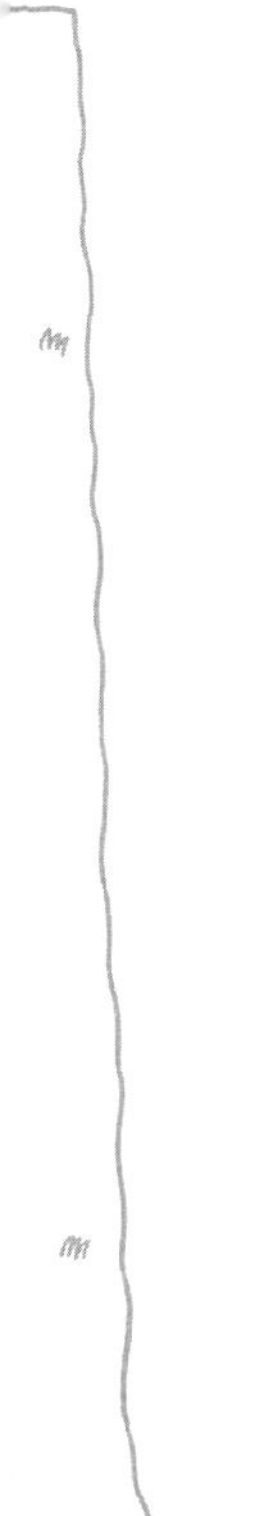

☞寝ない子誰だ

良い調査結果が得られて、とても満足だ。

だが、昼には鳥の調査をして夜にも鳥の調査をしていたら、寝る暇がなくなる。一晩中鳥を捕まえていたいが、明日からも安全に調査をするために休息をとるのも仕事の一部だ。

私たちは山頂に戻り、事前に用意しておいたツェルトの中に入る。ツェルトはペラペラのナイロンの生地でできた簡易版のテントのようなものだ。テントのように密閉されておらず隙間だらけだが、軽くてコンパクトなのでこのような調査にはもってこいである。

この島には完全に平らな場所がないため、ツェルトの底は傾いているが、野外調査で快適さを求める方が間違っている。

ツェルトの中に横たわると、体に海鳥の匂いが染み付いていることに気づく。海鳥の体は魚のような生臭い匂いを発しており、捕獲するとそれが手や服につくのだ。この匂いは多少手を拭いたくらいではなかなか落ちない。

とはいえ、すっかりかぎ慣れた匂いだ。

心地よい疲労の中、調査の興奮がおさまりまどろみが押し寄せる。

私はそのまま夢の世界に誘われた。が、その世界に突如魔物が襲いかかった！

「ウギャー！」

なにごとか!?

うめき声と衝撃で目が覚める。

周りを飛び交うクロウミツバメが、ツェルトの隙間に突入し、そのまま私の顔にぶつかってきたのだ。動揺した私の口の中にパニックに陥ったクロウミツバメの足がはまり、お互いにびっくりしている。

しかし、勝手に入ってきて勝手にパニック状態になるとは実に勝手な話だ。とはいえ、我々が彼らの繁殖地に勝手に宿泊しているのもまあまあ勝手な話だ。

ここはお互い様ということで、我慢しよう。なんとか顔から鳥を引き剥がして、ツェルトの外に逃がす。

ツェルト

結局この夜は闖入者の定期的な来訪を受け入れることとなり、寝不足になったのは言うまでもない。

翌朝のまだ暗い中で目を覚ます。日没後に飛来したウミツバメやミズナギドリは、夜中の間にオスとメスが抱卵を交代し、日の出の前にまた海に向かって飛んでいく。その姿を見るためだ。

ツェルトの外に出ると、海鳥たちが木に登って枝から飛び降りている。体重の軽いクロウミツバメには、ナンバンカラムシというちょっと丈夫な草をよじ登り、その上から飛び立つものもいる。

滑空に適した長い翼を持つ海鳥たちは、はばたきの力だけで地上から離陸するのが苦手なのだ。このため、高い場所からジャンプすることで飛び立つ。朝焼けの海に向かって飛んでいく姿は美しい。

海鳥がひとしきり飛び立つと、夜の喧騒が嘘のように静まり返る。一瞬の静寂の後に、メジロのコーラスが始まる。夜のキャストが姿を消し、昼の舞台への転換の合図だ。

そこで、はたと思い出す。

あれ？　そういえば昨日はあんなにたくさんのクロウミツバメが飛来したのに、その光景を一枚も写真に撮っていないぞ！

塚本さんの言っていた通りだ。どうやら本当に心を動かす光景に出会った時には、写真を撮ろうなんて意識はなくなってしまうようだ。

写真撮影は、また次回の調査への宿題だな。

[10]コルの日

☜山頂のサは、さよならのサ

湿度が高いので、世界中が夜露でびしょびしょになっている。ツェルトの上に張った雨よけのフライシートの上には大きな水たまりができている。脱いだシャツとタオルをその中に入れ、じゃぶじゃぶと洗濯をする。

この島には河川もなければ池もない。だが、この高い湿度がこの島に常に水分をもたらしているのだということが実感できる。

洗ったシャツはギュッと絞ってもう一度着る。昨日に引き続き、山頂は雲霧に覆われている。どうせ乾いたシャツを着ていても、すぐに湿気を吸ってびしょびしょになるだろうから、これで十分だ。

わかめごはんと中華スープで朝食を終え、歯を磨く。

歯を磨こうと思ったら、歯ブラシが見当たらない。そういえば、昨日は調査で忙しくて磨いていなかったことを思い出す。もしかしたら、持ってくるのを忘れたのかもしれない。

しょうがないので、岩から剥がれたコケを拾って歯を磨いてみる。以前読んだ論文に、鳥がコケを使って巣を作るのは抗菌性があるからだと書いてあったので、きっと歯磨きにもよいだろう。

キュッ、キュッ、キュッ。

小気味良い音がする。

うん、爽快感がないな。しかも、なんだか細かい有機物が口の中にばらばらと広がって気持ち悪いな。もう一生コケでは歯を磨かないぞ。

クシュンッ。

濡れたシャツを着ていたから体が冷えてきた。やっぱり着替えよう。よく考えたらわざわざ山頂まで着替えを担いできたのだから、使わないと損だ。フィールドではついなんでも節約する癖がついてしまっている。いそいそと着替えると、思っていた以上にさっぱりとして気持ちが改まる。

さて、今日はコルまで下って宿泊だ。下りはじめる前に山頂での調査を終わらせよう。

まずは、陸鳥がどのぐらいいるのかを調査する。調査地点を決めてそこで15分間観察し、半径25m以内に出現する鳥を全て記録する。アカパラでも行った定点センサスだ。コルや途中の道のりでも同じ調査をして、この島の鳥類相の全体像を明らかにしよう。

次は海鳥の調査だ。ザックの中から、14mに切って輪っかにしたロープを取り出す。これを使って、2m×5mの大きさの長方形の調査地を作る。そして、その中にある海鳥の巣穴を数える。

この調査もいろいろな場所で行って、環境ごとの巣穴の密度の平均値を算出する。その後にそれぞれの環境の面積とかけ合わせれば、島全体の巣穴の数が推定できる。

もちろんこういう計算には大きな誤差がつきまとう。しかし、推定値が何もないよりは、誤差を含んでいても何らかの数字があった方が目安になる。桁はだいたいあっているだろうというぐらいの期待感である。

巣穴の中に手を突っ込んで、中にいる鳥の種類を確認しながら調査を進める。標高900mの陸地のしかも土の下というのは、海から最もかけ離れた場所だ。そんなところにいるのに、海鳥と呼ぶことに、なんだか改めて不思議な気分がした。

せっかく着替えた服はすでに泥と汗と湿気でしっとりずっしりしていた。

☞痛くて嬉しい

山頂にみんなで集まって記念写真を撮り、コルに向かって下山を始める。

水や食料が減った分、少し荷物が軽くなると期待していた。しかし、標本を採集したり、湿気で道具がびしょびしょに濡れていたりするため、劇的に軽くはならなかった。

とはいえ当たり前のことだが、下りは登りに比べると楽ちんだ。するするとスムーズに歩いていき、するするとスムーズに標高が低くなっていく。

途中で調査をしながら、気がつくともうコルに到着していた。

夕方、コルでオガサワラオオコウモリの捕獲調査をする。メイン担当はハジメだ。ハジメは昨夜は私と別地点で海鳥の捕獲調査をしていた。今度は私が彼のサポートをする番だ。

コルの周辺には小笠原の固有種のタコノキが生えている。足を広げたタコのように、枝分かれした根で樹体を支えている。この木の果実はオオコウモリの大好物なので、熟しているとやってくる。

捕獲に慣れているハジメが革手袋をはめてタコノキの茂みに入っていく。数分経つとオオコウモリを布袋に入れて帰ってくる。

慣れているからって、そう簡単に捕まえられるものなのか？

そんな疑問を口にする間もなく、計測に入る。ハジメが保定して私が測る。保定とは動物が動かないように上手に押さえておくことだ。

オオコウモリの翼には鋭い爪がついている。油断をすると翼を伸ばして爪で攻撃してくる。しかも、なんだか目を狙ってくるような気がする。このため、慣れた人間がきちんと保定しておかないと危険なのである。

「ここのオオコウモリは父島のとは違うね！　顎が強い！　噛まれると痛い！　でも、痛いけど嬉しい！」

何が嬉しいのかよくわからないが、ハジメは眉をしかめて痛みをこらえながら喜んでいる。多数のオオコウモリを捕まえてきた彼には、彼なりの喜びがあるのだろう。

顎が強いだけではない。その口の中に並ぶ歯は随分と削れて摩耗しているし、汚れている。

外見上も違いがある。目の前にいる個体は、見るからに全身の毛が赤っぽい。父島の個体はもっと黒く、いかにも暗闇からの使者っぽい。ここのは潮と紫外線にさらされて自然に脱色したサーファーの髪の毛のようだ。

計測を終えると、DNA分析用に皮膜の一部を採集する。そして、皮下にトランスポンダーを埋め込む。トランスポンダーは個体識別用のマイクロチップだ。いつかどこかで再捕獲できれば、この個体だと特定できる。

サーファーオオコウモリ

一連の作業を終えると、オオコウモリをまたタコノキの茂みに戻す。いやはや、突然お邪魔してすみませんでした。

☜よもやま議論

そうこうしているうちに日暮れも近くなり、夕食の時間となる。今日もまたアルファ米だ。ちなみにこのアルファ米は、１パックが２人前となっている。海岸ではこの２人前を１人で１食分として食べていた。しかし、山上では荷上げの負担を減らすため、２人で１パックを食べる。山上の方が体力を使うのに食事が少なくなるので、若干お腹が空く。これを補うために個人で携帯食を持ってきている。明治マリービスケットがおいしい。

食事をしながら、みんなでオオコウモリの話に花を咲かせる。

「あいつら、なんであんなに赤いんですかね」

「日焼けじゃないかな。ほら、昼間によく飛んでるから、紫外線で脱色してるのかなって」

「確かに、ここは紫外線強いですよね」

「陸鳥の捕獲をしていても、風切羽や尾羽の先端がボロボロなんですよね。あれも紫外線の影響っすね」

鳥の羽毛は概ね1年に1度生え変わる。陸鳥は繁殖期が終わると換羽をするのだが、今はその直前の時期で、1年間使い古した羽毛を使っているのだ。

「じゃぁ、なんでこんなに昼間によく飛ぶんだろね。父島でも北硫黄島でも、こんなに昼間に飛んでることはないよね」

いろいろな島でオオコウモリを見てきたハジメがそう言うのだから間違いない。

「捕食者がいないからじゃないですかね。父島にはノスリがいるし、北硫黄島では絶滅しちゃったけど昔はシマハヤブサがいたじゃないですか。でも、南硫黄にはシマハヤブサの記録もないし、昼間にも安全だから夜行性の縛りから解き放たれたってことで」

これは鳥の研究者としての私の意見だ。

シマハヤブサはハヤブサの亜種で、火山列島に固有の鳥だ。過去には硫黄島と北硫黄島にいたが、人間が入植してから絶滅してしまった。一方で南硫黄ではシマハヤブサの記録はない。この島には人間が影響を与えていないので、もしいたとしたら生き残っているはずだ。しかし、前回調査でも今回調査でも確認されていないので、もともといなかったと考えるのが合理的だ。

私は捕食者不在説を唱えたが、ハジメの意見は違った。

「それよりも、食べ物が少なくて夜だけじゃ十分に食べられてないんじゃないかな。だから昼にも食物を探してるんだよ、きっと。さっき歯がボロボロだったじゃない。あれは、よほど食べ物がなくて、父島じゃ食べないような硬いもの食べてるんだよ」

確かにそうかもしれない。

オオコウモリは果実を好む動物だ。しかし、この島ではオオタニワタリというシダの葉にまで彼らの噛み跡があった。もちろん葉っぱは果実より栄養価が低い。食物が十分にある父島では見られない光景だ。こんなものまで食べるということは、相当に食物が不足しているのだろう。

ただし、捕食者不在と食物不足は互いに相容れないものではない。両方とも正解ということにしておこう。

食事をしながら議論をするのは楽しい。そして議論は調査地でするに限る。なぜならば生物の進化や行動は、それぞれの環境の中で育まれてきたものだからだ。

もちろん研究室に戻ってから考えることも大切だが、まずはその特徴が生じたまさにその環境を目の当たりにしながら議論することで、よりリアリティのあるシナリオが頭に浮かびやすい。場合によってはそこで得られた発想から追加調査をすることもある。

調査地での休憩時間には、調査をより充実させる効果があるのだ。

☞シンデレラ・リミット

夜になると再び海鳥の雨が降る。

ここの主役はシロハラミズナギドリだ。クロウミツバメが50gなのに対して、シロハラミズナギドリは200gもある。ライトに誘引されてぶつかってくる衝撃も4倍だ。

昨夜と同様に捕獲調査を始める。小さな足環を扱うため素手で調査をする。この鳥は体が大きいだけ顎の力も強く、噛まれると血が滲む。

……痛いけど、嬉しい。

こんな体験ができる場所はなかなかない。ハジメの気持ちが少しわかる。

南硫黄島のコルから上では、この非日常的な光景が日常である。しかし、それを体験できるのはたった2夜しかない。今はこの時間をできる限り満喫しておきたい。

持ってきた足輪を使い切り、夜の捕獲調査が終了した。

まだ興奮状態にありすぐには眠れないが、体を休めなくてはならない。シロハラミズナギドリの鳴き声をBGMに横になる。飽きるほど鳥の調査ができるなんて、なんと素晴ら

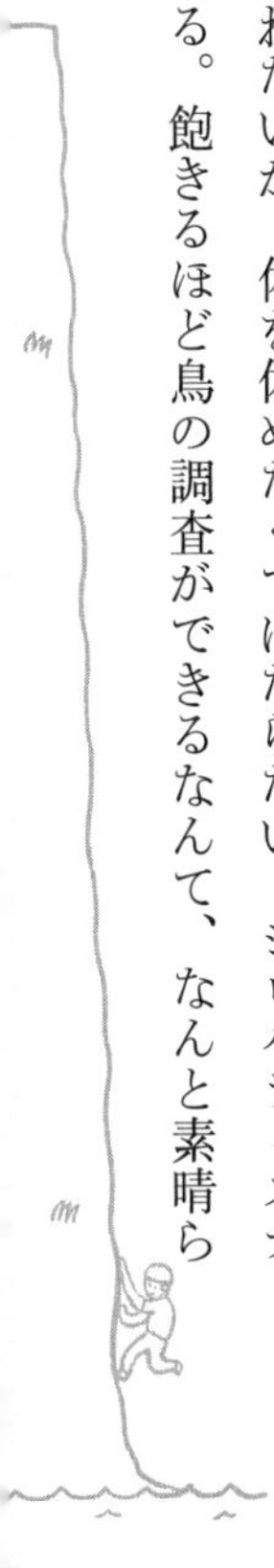

しい調査地なんだろう。斜面に傾いたツェルトの中で、ここまでの調査を思い返しながらゆっくりと眠りにつく。

翌朝、目を覚ましたらまずはコルで陸鳥の捕獲調査をする。仕掛けておいた自動撮影装置やネズミ確認用の落花生を回収する。定点センサスと海鳥調査を終えたらいよいよ下山だ。

登る時はユマールを使ったが、帰りはエイト環を使う。エイト環は腰につけたハーネスに装着し、フィックスロープと繋ぐための道具だ。

エイト環で摩擦を生じさせて、ブレーキをかけながらロープ沿いに下降する。斜面が急なので、下りはそれなりのスピードが出る。手でつかんだロープをスライドさせながら降りていくが、摩擦で革手袋に穴が開きそうだ。エイト環も摩擦熱にみまわれ、素手でさわると火傷するほど熱くなる。

往路ではあれほど苦しんだ崩落地だが、復路はあっけないほど早く海岸に到着した。

こうして、2泊3日の山上調査が終わった。

［11］カフェ・パラディッソ

「マスター、コーヒーある？」

「ホット？　アイス？」

「そうだね、今日は暑いからアイスで頼むよ」

　ここは東京都最南端のカフェ、疲れた男たちの憩いの場である。

　今日も仕事帰りの常連たちが足を運ぶ。クーラーボックスの中でよく冷えたアイスコーヒーをいつもより少し多めに注ぐ。本日のコーヒーは、袋の中から無造作にチョイスしたインスタントコーヒーで作った『マスターの気まぐれコーヒー』である。

「今ならゼリー寄せ南硫黄風もあるよ」

「じゃぁ、それもらおうかな」

　アルミパウチに入ったウィダー・イン・ゼリーをコッヘルの中にしぼり出し、成層火山型に盛りつける。その周りにインスタントコーヒーを注げば、海に浮かぶ南硫黄島さながらの勇姿がいっちょ上がりだ。

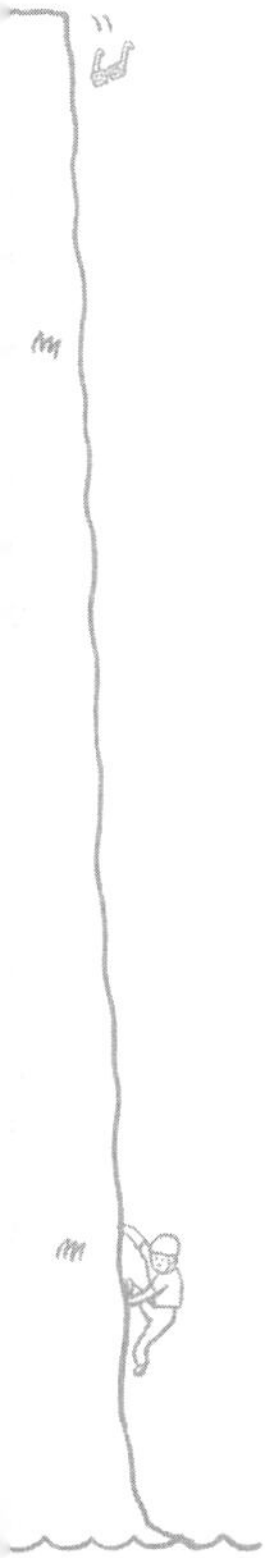

ここはカフェ・パラディッソ。南硫黄島のベースキャンプ、通称ＢＣに咲いた一輪の花である。

☜男たちの休息

山から降りてきた私たちの次なるミッションは、休息である。

上陸、荷揚げ、アカパラ調査に山上調査、ここまでは体力勝負が続いた。夜間調査もあり、さすがに疲れがたまっている。

疲労がたまると事故を起こしやすいし、体調も崩しやすい。休息による体力の回復は、効率よく成果を出すためには不可欠なものなのだ。このため、私たち一次隊はＢＣで休息していた。

しかし問題が一つある。ＢＣは島の南の端にあるのだ。

ＢＣの北側には断崖絶壁がそびえ立っているものの、それ以外の方角には遮るものがまるでない。この地形条件のため、ＢＣは日の出とともに灼熱の太陽に襲われ、日没までの12時間以上をかけて強火の遠火でじっくりとグリルされる。

亜熱帯の日差しは容赦ない。人間だけではなく、食料も機材も全てが熱にさらされる。

これはあまり良いことではない。この暑さによる被害はすでに出ている。記録班のイトウは、登山をするよりも前に新品の靴の裏がべろりと剥がれてしまった。登山靴の接着剤は寒冷地には強いが、熱には弱いらしいのだ。

このため、ＢＣには日除けのための広いタープが張ってある。その下は灼熱地獄から逃れられる世界で唯一の場所だ。

ただしここでは、人間様よりもサンプル様や食料様、繊細な電子機器様の方が地位が高い。なぜならば、これらの物資は人間とは違い、変質したり壊れたりすると自己修復できないからである。日陰の中心部にはこれらの荷物を納め、私たち調査員はその合間の狭いスペースで休憩をとる。

この浜には相変わらずボウリングの玉のごとき石がゴロゴロ折り重なっている。このため荷物の隙間の地面はろくでもなく不安定だが、疲れた体にとって日陰はありがたい。万が一にもこの日陰からはみ出そうものなら、宇宙からの怪光線によって瞬時に焼き尽くされ、隣の隊員も気づかぬ間に蒸発してこの世界から消え失せることだろう。

ゴツゴツした地面の形に合わせて体勢を変え、日陰の中でゆっくりと過ごす。時間とともに太陽が移動し、太陽とともに共に日陰の場所はずれていく。それに合わせて我々もモゾ

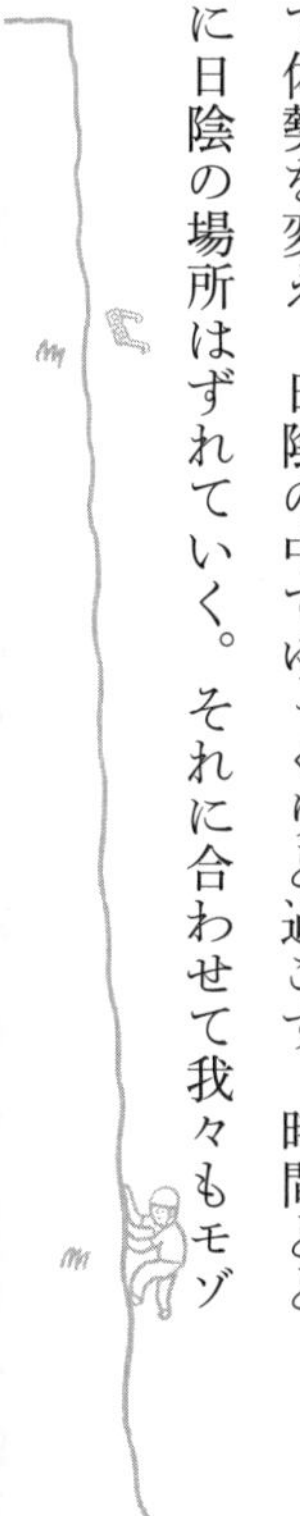

モゾしながら場所をずらしていく。

ずっと寝ていると、さすがに体のあちこちが軋《きし》み始める。しょうがないので三角座りをしてタープの下から外を眺めていると、海洋生物班のテツローが波打ち際で遊んでいる。いや、調査をしている。

干潮時の海岸線と満潮時の海岸線の間を潮間帯と呼ぶ。ここにはカニや貝など濡れた半陸上を好む生物たちが生息している。彼はこの幅の狭い生息地にどんな生物がいるのかを調べているのだ。

それはよい。問題は彼の服装だ。

私たち調査隊は、落石から頭部を守るため調査時には常にヘルメットをかぶることをルールとしている。このルールは出発前から互いに繰り返し確認し心に染み込んでいるため、もちろんテツローも忠実に守っている。

しかし、彼は首から下にはパンツ1枚しか身につけていない。そんな無防備な姿で、彼は本当に何か守れているのだろうか。頭だけは助かるかもしれないが、頭以外も助けた方がいいよ。

ふと横を見ると、隣ではシュミヤがボロ切れをまとっている。彼はルート工作班と植生

守りたいもの

班を併任する戦う研究者だ。

よく見るとそのボロ切れはズボンの成れの果てだった。

「いやぁ、穴が開いちゃって。涼しくていいんだけどさ」

ズボンにとって60cmの穴は致命的なサイズである。もうズボンとしての機能は失われているのだから、それ以上酷使しないであげておくれ。

☞遊んでいるわけじゃありません

まだ島に来て1週間とはいえ、過酷な調査によりみんなお疲れ気味で少しおかしくなっているようだ。やはり休息が必要である。そこで、みんなのために憩いの場を提供するこ

カフェ・パラディッソ（理想）

とにした。よし、カフェを開こう。

　カフェのマスターになるのは私の夢の一つだ。まさかこんなところで実現するなんて、思ってもいなかった。

　こうして、疲れた戦士たちを癒すため、カフェ・パラディッソ南硫黄本店が開店したのである。

　ちなみに「パラディッソ」は、BCにいた時に訳もなくエンドレスで頭の中に鳴り響いていたサザンオールスターズの楽曲『シュラバ★ラ★バンバ』の歌詞に由来する。

　まずは食料がしまわれた発泡スチロールの箱の蓋に看板娘の絵を描き、あけみちゃんと名付ける。アルマイトの大鍋の蓋の上には、油性マジックでお店の名前を落書きする。

カフェ・パラディッソ（現実）

そして、カフェの魅力を左右する最重要要素、メニューの開発に着手する。

普段の食事はアルファ米とレトルトパウチばかりだ。いささか飽きてきたので、少し気分を変えたいところだ。まずはアルファ米をおにぎりにしてみる。それだけじゃ寂しいから、携帯食用の柿の種を混ぜ込んでみた。柿の種の原料は米粉なので、米との相性はよかろう。うん、意外とおいしい。調子に乗ってたくさん作る。

次は、インスタント味噌汁用の生味噌を塗って、コンロで焼いて焼きおにぎりを作る。大量の発汗をともなうこの島では、塩分の摂取は不可欠である。

お味噌を使ったので、味噌汁用の乾燥ワカ

メが余ってしまった。ラーメンの具用の乾燥野菜とともに水で戻し、食料庫から発見されたビビンバの素を混ぜてエスニックワカメサラダの完成だ。

なんだか楽しくなってきたぞ。

よし、いろんなティーバッグがあるから、全部混ぜちゃえ！　麦茶に緑茶に烏龍茶、ついでに紅茶も入れてみよう。

うん、これはちょっとまずいな。失敗だな。おいしいものを混ぜたのになぜおいしくないものができたのか、不思議でならない。

「食べ物で遊んじゃダメですよ」

いや、遊んでいるわけではないのだ。これは、在庫管理の一環で、ＢＣで待機する隊員の大切な仕事なのである。

長期の野外調査では、さまざまな事態を想定しておかなくてはならない。天候が急変するかもしれないし、トラブルで撤収できなくなることも想定の範囲内だ。場合によっては、荷揚げ時に食料が流されて失われることだってあり得る。不測の事態にも冷静に対応できるよう、水と食料は多めに持ってきてある。

しかし、調査期間も半分を過ぎ、調査終了までの目処が立ってきた。撤収時には残った荷物を全て持ち帰らなくてはならないため、あまり残すことなく食料を消費しておきたいのである。

いつも似たような保存食ばかりでは食欲が刺激されない。そこで、少し変化をつけて消費を促し、撤収の労力を減らそうという算段なのである。

私の調査はアカパラと山上で80％ほど完了している。あとは、海岸部に仕掛けた自動撮影カメラやネズミ確認用の殻付き落花生を回収するなど、細々とした仕事を残すのみだ。

このため、後半は調査隊のバックアップが主な仕事である。物資の管理や食事の準備、船や各分野の調査班との無線のやりとりなど、隊を効率よく動かすには裏方仕事は不可欠なのである。

☞感謝のうたげ

山上調査から一次隊が戻ったタイミングで、二次隊が島にやってきた。昆虫班と陸産貝類班だ。

一次隊が上陸した時は、思いのほか海が穏やかで拍子抜けした。だが、二次隊が到着した時には南からのうねりが入り、ＢＣ前の海岸から上陸することができなかった。このた

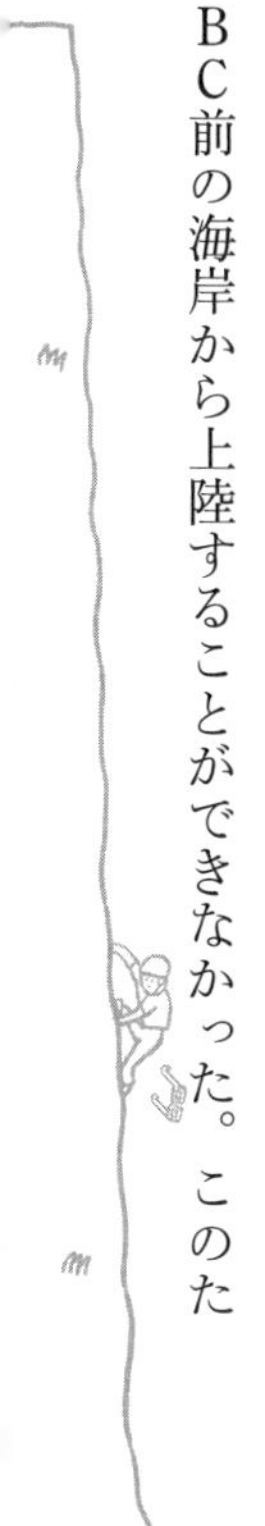

め、彼らは島の西側から上陸し、重い荷物を担いで海岸を歩いてＢＣにやってきた。

　この海域では、２週間も凪が続くことは期待できない。一次隊の上陸時にベタ凪だった以上、どこかで海が荒れることは想定内だ。とはいえ、せずに済む苦労は売ってでもしたくない。その苦労を二次隊が肩代わりしてくれたわけであり、感謝を禁じ得ない。

　夕暮れ時に私がＢＣでお留守番をしていると、荒れる波をかいくぐりながら進み来るゴムボートが見えた。今日もハルオが超絶技巧でボートを操船しながらやってきてくれたのだ。

　ＢＣでは無線機の充電ができないため、使用後のバッテリーは船に運んで充電しなくてはならない。このゴムボートが、調査隊の安全を担保する生命線なのだ。海が悪くとも物資を届けてくれるハルオにも感謝を捧げたい。

　さて、一次隊の植生班と地質班は、二次隊と入れ替わりで島を離れる。このため、両隊がそろうのはこの日だけだ。

　日が暮れるとＢＣは多くの調査隊員でにぎわう。みんなで食事をしながら調査の進捗を報告し、一次隊から二次隊へと山上の状況について情報の伝達をする。前半の成果をねぎらい、後半への期待を口にする。

　順調に調査をこなした一次隊の隊員たちは、それぞれの責任を果たしてリラックスしている。隊長代理のカトウはリラックスしすぎたのか、真っ暗なのにサングラスをしたままだ。

「それじゃ、暗くないっすか？」

「いや、海でトイレをしてたら、後ろから大波をかぶって、メガネが流されちゃいまして……」

副隊長のハジメは、レトルトカレーに歯ブラシを突っ込んでいる。

「お箸がどこかいっちゃって、これしかなくて……」

地質班のハヤトは、足元の玉石を持ち上げては捨て、持ち上げては捨てている。

「石の隙間に柿の種が落ちて、拾おうとするとさらに下の隙間に落ちて……」

一次隊のみんなは疲れ切っているようだ。いよいよ、アレを出す時が来たようだ。

「テッテレー！　ももー！」

今日のハルオが荒波を越えて運んできたのはバッテリーの入った防水堅牢ボックスだけではなかった。きれいに皮を剥かれた約20個の桃とビールが届けられたのだ。桃というものはドンブラコと波を越えてくるものなのである。

この島で新鮮なフルーツを食べられるとは、全く期待していなかった。サプライズ好きのハルオに感謝感謝だ。甘い桃と冷えたビールは隊員に活力を与え、疲れた体を癒してくれたのである。

そんな中、挙動不審な男がいる。記録班のイトウだ。

「カレーのレトルトと間違って、ごはんの上にお粥のレトルトをかけたらお米の味しかしなくて……」

ふむ、やはりまだ隊員の疲れは癒えていないようだな。早く寝て、後半にそなえよう。

[12] さよならまた会う日まで

はじまりのおわり

後半の日々は矢のように過ぎていった。

二次隊は私たちと同じように2泊3日の山上調査を行い、成果を携えて下山してきた。昆虫班のカルベは、「虫がいねー!」と大声をあげている。この島は昆虫の生息地や食物となるべき植生が貧弱である。昆虫の多様性が低いのはこのためだろう。土壌がたまりづらい急斜面ばかりのこの島ではやむを得ないことだ。昆虫が少ないことをきちんと記録するのも、大切な仕事なのである。

とはいえ、カルベは同じく昆虫班のマツモトとともに多数のトラップをしかけたり、土壌を採集したりしてきている。採ってきたサンプルを帰ってから分析することで、きっと多くの成果が得られることだろう。

陸産貝類班のチバは新種を含めた多くのマイマイを採集することができたらしく、ニコニコと幸せそうだ。

チバをよく見ると、上陸時にかけていたメガネをかけていない。どうやら殻高1㎜ほどの小さなマイマイを探すためにメガネを外して放置し、そのまま忘れてきたらしい。研究者は調査に熱中するとよくものをなくす。
「その時どこからともなく大量のカニがやってきて、メガネを持って走り去っていったのです！」
うん、嘘だな。まぁ貴重な研究成果を得られたのだから、メガネも本望だろう。
調査が順調に進んでいるので、監督役のナカノも山頂まで視察に行く。ハジメはオオコウモリの捕獲のため再度コルまで登る。限られた時間の中で、最大の成果を得られるよう、安全を確保しながら追加調査に奔走する。

私も彼らに負けぬよう、海岸での標本採集を続ける。オナガミズナギドリやアカオネッタイチョウを捕獲し、ＢＣのタープの下で標本化を進める。近くに休憩中のチバがやってきて、石の上に腰を下ろした。

「ギャッ！　なんだこれは！」

彼が座った石の上には、偶然にも鳥の吐き戻しが落ちていたようだ。海鳥はびっくりすると、お腹の中の魚などを吐き戻すことがある。おそらく人間に驚いて、飛びながら落としたのだ。チバはその上に座ってしまった。さぞや不快なことだろう。

「カワカミさんのせいだ！　かわいい鳥たちを捕まえて標本にするから、神様が怒って罰があたったんだ！」

「いやいや、チバさんもたくさんマイマイを採集してましたよね。罰があたったってことは、そっちのせいじゃないんすか？」

「マイマイはいいんだ。鳥はかわいそうだ！」

もちろん、本気で言っているわけではない。標本採集の大切さはお互いによくわかっている。とはいえ、２週間の調査で島の自然を撹乱したことは事実である。

そこに生息する生物の「集団」に影響を与えないこと。これが調査をする上でのルール

である。だが、私たちの調査により海鳥が繁殖に失敗し、歩いたことで道ができた。海鳥は悪天候などさまざまな偶然により繁殖に失敗する。ここでは多数が繁殖しているので、調査による影響は全体で見れば誤差の範囲内だと考えられる。調査のために切り開いた道は、数年でまた枝葉が伸びて消え失せていくだろう。

この島全体の集団というスケールでは軽微な影響である。しかし、それぞれの個体レベルで考えると、もちろん彼らの生存に大きな影響を与えているのだ。

私たちはこの島で調査をした。果たして、原生の島に与えた影響に見合うだけの成果を出すことができるだろうか。今は、得られたデータやサンプルを確実に持ち帰ることが私たちの責任だ。

☞ 後が濁りませんように

ルート工作班は最後の登頂を終えると、下りながら全ての人工物を回収していく。

迷子防止のために枝につけた水色テープ。登攀を支えたフィックスロープ。ロープを支えるため岩に打ち込んだハーケン。私たちの痕跡を可能な限り消していく。

ついでに、25年前から残されていたロープとハーケンも回収する。

前回の調査は、今回よりも事前情報が少なく過酷だったはずだ。調査道具も重く機能性も低かった。そして、環境保全に対する考え方も今よりはゆるかったはずだ。そのことを考えると、一部の器具の残置もやむを得なかったことだろう。

屈強なルート工作班とはいえ、さまざまな機材を一度で全て運び切ることはできない。空き時間にこまめに往復し、器具を回収していく。あの急斜面を何度も上り下りするのは大変だろう。

「俺はコルまで1時間以内で登れましたよ」

「へーすごいですね！　まぁ、俺は45分でいけましたけどね」

環境省の担当者として随行しているヤナガワがルート工作班と張り合っている。どうやら彼らを心配する必要はなさそうだ。みんなそれぞれの分野のプロとして、過酷な業務を飄々《ひょうひょう》とこなしている。

登攀ルートの撤収の最後に、入口の垂壁にかけられたハシゴが外された。

2週間前には新品だったアルミのハシゴは、いつの間にか傷つきゆがんでいる。落石によりあちこちがへこみ、すでに歴戦の勇者の体だ。

そういえば、数日前に船にいるハルオから無線が入った。

「登攀ルートが崩れたのか、土煙が立ってますね」

ルートは崩落地となっているので、おそらく日常的に崩れているのだろう。私たちが登ったことにより、不安定な部分がさらに崩れやすくなったようだ。

のちに、調査隊顧問で留守番役だったカチが口にした。

「みなさんが調査中は、毎日心配で、心配で。大事故が起きて記者会見で謝罪する姿を何度も夢に見ましたよ」

いやはや、ご心配をおかけしました。大きな事故なく調査を終えられそうで本当に良かった。

☞ さよなら三角

残るはBCの撤収である。カフェパラの最後の仕事は、水の消費だ。

調査の前半、私たちは汚れた体を清めるため、ウツボに怯えながら波打ち際に座って海水を浴びていた。南硫黄島の海水はさらさらしている。頭から水をかぶって汗を洗い流し、タオルで拭けばベタベタしたりはしない。

という言は、もちろん負け惜しみである。本当は真水を浴びたいに決まっている。真水は貴重だから、海水で我慢していただけだ。そんな私たちに、撤収荷物の軽量化のため数日前から真水による水浴びが解禁された。

余りそうな予備のペットボトルの封を切り、六甲の天然水を頭から浴びる。髪の毛の隅々まで浸透させ、耳の中まで洗っちゃう快感といったらない。

昨日までは1回1本だったが、今日は2本だ！　いや、3本でも4本でも、あるだけ浴び尽くすがよい！

ペットボトルを開けては頭からかぶる。陽光でアツアツになった玉石の上に置いてあった水はほどほどに温まっており、快適な温水シャワーとなる。シャンプーはなくとも実に気持ちが良い。

さよなら△

テントをつぶし、ベッドをたたみ、コンパクトにまとめていく。私たちの生活の場となったBCは、みるみる玉石の積み重なる海岸に戻っていく。暑くなる前にと朝4時から始めた撤収作業は、9時には終了した。

最後にみんなで並んでもう一度島に向かって御神酒《おみき》を捧げる。そこに神様がいるかどうかは知らない。いるにせよいないにせよ、挨拶しておくに越したことはない。

上陸の時ほどではないが、波は穏やかである。

こうして私たちは2週間の南硫黄生活を終え、島を離れた。船から振り返ると、相変わらず巨大な三角形の山塊が海上にそびえ立っている。

「南硫黄は海鳥の島でしたね」

「海岸から山頂まで、海鳥だらけでしたよ」

「これが小笠原の島の原生の姿なんでしょう」

「今までと自然の見方が変わりました」

みんなが海鳥を礼賛している。まさにこの島は海鳥が支配する島だ。鳥類調査担当として、なんだか誇らしい気持ちになった。

次第に水平線の向こうに小さくなる南硫黄島に心の中で手を振る。

風の吹きすさぶ甲板で、隊長代理のカトウが言った。

「私はね、今回は予備調査だと思っているんですよ。これでこの島の様子がわかりました。また10年後に調査に来ましょう。その時が本番です」

出港した父島に戻り、私たちの調査は終わった。

☜ トゥ・ビー・コンティニュード

と思っていたら、まだ終わっていなかった。

確かに小学生の時、家に着くまでが遠足だと教わった。しかし、調査は帰るだけでなく、帰ってからの後処理も含めて調査である。

父島に到着した私たちを、調査隊サポート班が出迎えてくれる。彼らは私たちを歓迎するために来てくれたわけではない。まだ仕事があるのだ。

私たちは外部から南硫黄島に外来生物を持ち込まないよう、調査器具の持ち込みに細心の注意を払った。今度は、南硫黄島から父島に生物を持ち込まないようにする番だ。どんなに南硫黄の生物が貴重であっても、父島に持ち込めば外来生物となってしまう。

持ち帰った機材をビジターセンターの冷凍室に運び込み、24時間以上冷凍する。冷凍す

ケースに潜むミナミトリシマヤモリ

ることができない精密機器やサンプルは、アルコールで処理したり、殺虫剤を噴霧したり、目視で丁寧にチェックしたりして検疫を行う。

調査機材だけでなく、ゴミも検疫の対象だ。全てのゴミを処理場に持ち込む前に冷凍する。一般的に、ペットボトルはリサイクルのため蓋と本体を分けて出す。このルールは小笠原でも同じだ。しかし、南硫黄調査隊では、使用後のボトルは潰してから蓋を閉めて持ち帰った。ボトルの中に昆虫などが紛れ込むのを防止するためだ。このため、凍らせたペットボトルの蓋を改めて外すという地味な仕事もある。

チェックしてみると、いろんな隙間にいろんな生物が紛れ込んでいる。たとえば自動撮影カメラのケースの中には、ミナミトリシマヤモリが潜んでいた。拾ってきた鳥の死体からは、24時間冷凍しても羽毛の間から生きた昆虫が這い出てきた。ダウンの断熱性能の強さを思い知らされ、慌ててサンプルの入った袋の中に殺虫剤を吹きつける。次回は冷凍時間を48時間にしよう。

テントを洗い、ベッドを干し、タープをたたむ。数日間かけてようやく全てが片付いた。

こうして、私たちの「調査」が本当に終わった。ただし、「研究」はまだ始まったばかりだ。

第2部

熟考・ここが天王山

編

［13］島にないものと、島にしかないもの

☞三つのステップ

調査を終えた私たちは、持ち帰ったデータやサンプルを前にして次の段階に進む。現地での調査はあくまでも調査であって、研究の一部でしかない。研究というミッションの最初のステージと言ってもいいだろう。

絵画に例えるなら、今はまだ絵の具をそろえ、モデルが椅子に座ったところだ。これからカンバスに下絵を描き、絵の具をのせていかなくては完成を見ない。研究者にとっては、得られたデータやサンプルを分析し、その意味するところを解釈していくことこそが本分である。

野生生物を対象とした研究には、大きく三つの段階がある。

第一に、自然の中に存在する「事象」を明らかにすること。

第二に、その事象が生じている「条件」を明らかにすること。

第三に、その事象が生じる「メカニズム」を明らかにすること。

たとえば、南硫黄島では海岸から山頂までの全域で海鳥が繁殖していた。しかし、場所によって繁殖する種類が異なっていた。

海岸ではカツオドリやアカオネッタイチョウ、オナガミズナギドリが繁殖していた。標高500mには彼らはおらず、代わりにシロハラミズナギドリがいた。そして山頂ではクロウミツバメが見つかった。

まず、これで第一段階が明らかになったと言える。

次にこの標高による違いの背景にある条件を考えてみる。

すると、彼らの体重と標高に関係があることに気づく。海岸にいるカツオドリは1・5kgにもなる大きな鳥だ。アカオネッタイチョウは1kg弱、オナガミズナギドリは400g弱だ。コルを中心に分布していたシロハラミズナギドリは200gちょい、山頂のクロウミツバメは約50gだ。

つまり軽い鳥ほど高いところにいるのだ。これで第二段階が明らかになった。

そして、軽いほど標高の高いところにいくメカニズムを検討する。

大きな鳥と小さな鳥で喧嘩をすれば、もちろん大きい方が有利だ。海で食物を採る海鳥にとっては、海に近い場所の方が価値の高い繁殖地となるだろう。そんな場所をめぐって

競争をすれば、大きな鳥が勝つはずだ。

一方で体重の軽い鳥にとっては、重力に逆らって標高の高い場所まで飛ぶこともそれほど大きな負担にはならない。海岸にこだわって大きな鳥と争うよりも、山頂方面に移動した方がコストが小さいのだろう。

また、カツオドリやアカオネッタイチョウは地上に巣を作るが、ミズナギドリやウミツバメは地面に穴を掘るため、土壌が必要である。海岸近くで土壌が十分にたまっている場所は少ない。地中営巣者にとっては、土壌の多い高標高地の方が繁殖しやすいという事情もありそうだ。

こう考えれば、体重によって繁殖する標高が異なることは合理的である。これで発見した事象の意味が理解できた。

人間が島に住み始めると、その影響で海鳥が絶滅していく。そうなると、どの標高でどの鳥が繁殖しているのが自然なのかという情報が得られなくなる。標高と海鳥の種類の関係は、南硫黄島だからこそわかったことの一つだ。

得られたデータやサンプルに基づいて、この島の自然の持つ意味を明らかにしていくことが、調査を終えた研究者の次なるミッションなのだ。

海鳥の時代

南硫黄島に調査に行ってみんなで認識した最大の事実は、何はともあれこの島が海鳥だらけだということだ。

もちろんそんなことは、1982年の調査の報告書で知っていた。しかし、活字で読むだけでは得られる情報が限られている。

だが、私は直接その状況を見ることができた。私だけでなく、隊員全員が目の当たりにした。このことで、島の自然に対する理解は飛躍的に進んだ。

調査前には、単にどんな海鳥がどこにどれだけいたかという情報だけが私の脳にインプットされていた。要するに、鳥類の多様性や島の鳥類相など、鳥のことだけを考える上での情報である。

しかし、南硫黄島の状況を実見することによって、海鳥だけでなくその背景にある地形や気象、植生、動物相など、海鳥に関わるさまざまな情報を同時に取り込むことができたのだ。それも、各分野の研究者と情報交換しながらだ。そのおかげで、生態系の要素の一部としての海鳥という存在が、私の脳細胞にインプットされた。

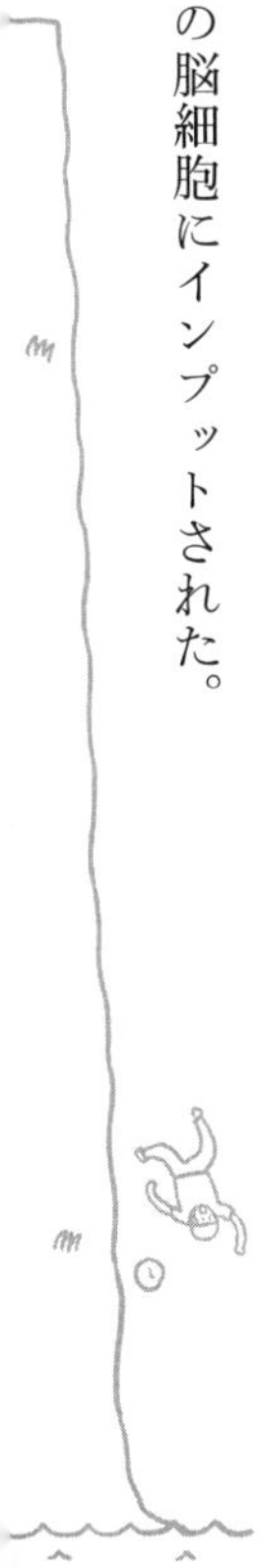

私はそれまで主に陸鳥の研究をしてきた。だが、南硫黄島をきっかけに海鳥スイッチが入った。

これからは、海鳥の時代だ！

そもそも、海鳥というのはとても特殊な存在なのだ。

小笠原諸島は深い海のただ中に孤立して寂しそうにしている海洋島である。このため、海を越えることができた生物しか自然分布していない。逆にいうと、海が越えられない生物が欠けたアンバランスな生態系だと言える。

水に沈みやすいドングリ、塩水に弱いカエル、長距離を泳げない地上性哺乳類などは、小笠原にはもともといない。このように、メインランドに比べてさまざまな生物が欠如していることが、大きな特徴となっている。

一方で、小笠原には多くの海鳥が繁殖している。海鳥は主に地上や地中で営巣するため、イタチやキツネなどの地上性の捕食者がいると繁殖できない。本州でミズナギドリやウミツバメなどが繁殖していないのは、このためだ。

小笠原諸島の「いろいろ欠如した生物相」の中で、逆に海鳥はメインランドにはおらず小笠原に高密度で生息しているわけだ。地上性哺乳類の不在というマイナスが、海鳥の安住というプラスを招いた。引き算で成立している島の生物相の中で、海鳥は唯一足し算になっている特異的な要素なのである。

☜ 大事なことはみんな海鳥が教えてくれた

「まぁ島の研究者だから鳥を見て興奮しているんだろう」

ウミドリスゴイ、ウミドリスゴイと唱えているだけでは、きっとそう思われてしまう。しかし、これは鳥だけの問題ではない。

海鳥は集団繁殖する。隣の巣までの距離が50㎝程度しかないこともある。なぜならば、彼らは海で食べ物を採るからだ。陸で食物を探すわけではないので、巣の周りに広い縄張りを持つ必要がないのである。おかげで密集しても不利益はない。地形や植生、気象条件など、巣を作るのに都合の良い場所があれば、そこに集まることができるのだ。

数は力である。

海鳥1羽1羽の影響力は小さいが、たくさんいればスイミー効果により影響力がとてもとても大きくなる。このため、海鳥がいるかいないかで、生態系の有様は大きく変わってくる。毛利元就のエピソードの代わりに道徳の授業で紹介できそうなこの事実を、南硫黄

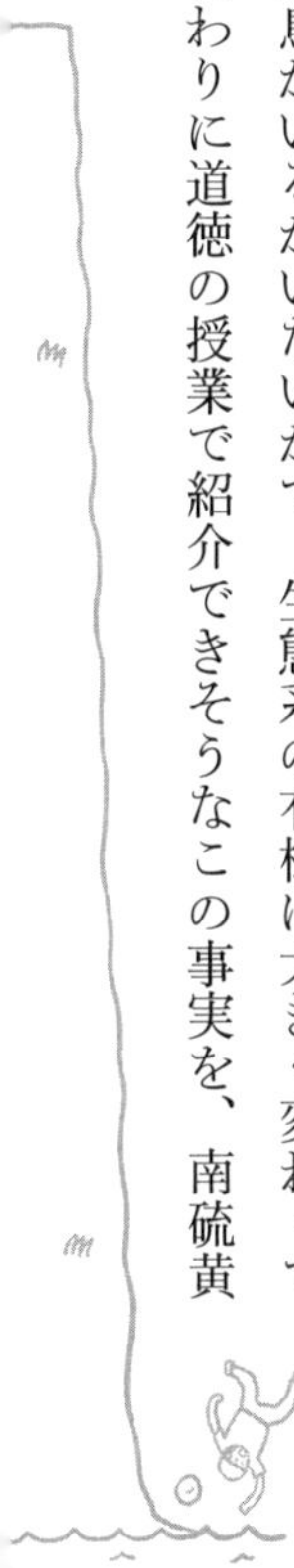

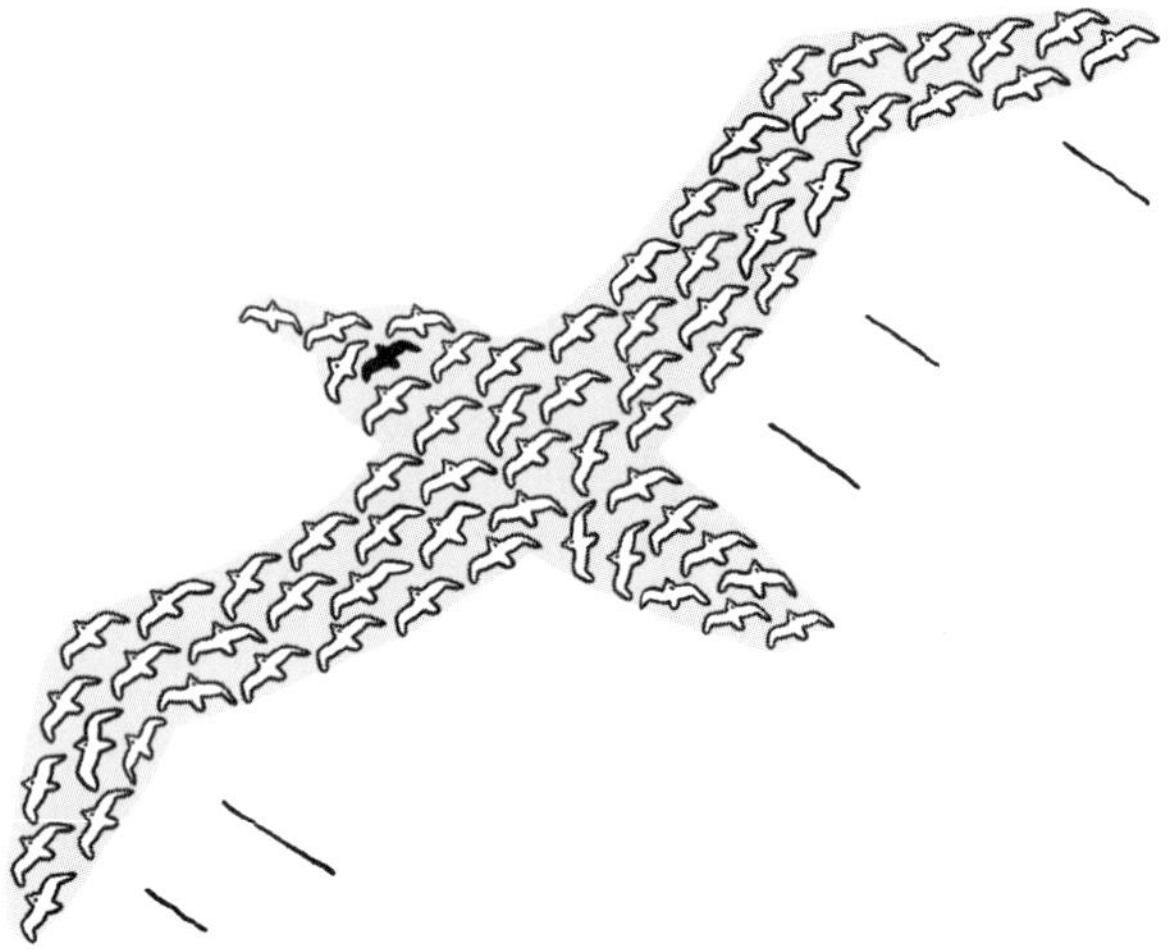

島が私に実感させてくれた。
　南硫黄島にたくさんの海鳥がいたということは、単純に生息する鳥類リストの増加を意味するだけではない。この島の生態系が、海鳥によって大きく影響を受けているということに他ならないのだ。
　そしてこのことは、人間の入植前には南硫黄島以外の島も、海鳥の影響を強く受けていたであろうことを意味している。なぜならば、他の島では人為的影響で減少しただけで、もともとは多くの海鳥がいたと考えられるからだ。小笠原諸島の自然の本来の姿を知るためには、海鳥が生態系の中でどんな役割を果たしているのかを明らかにしなくてはならない。南硫黄島の調査によって得た最大の成果は、何よりもこのことを実感できたことである。

そしてもう一つ重要なことは、海鳥が海の鳥ではなく森の鳥だったということだ。私が勤める森林総合研究所は、その名の通り森林の研究をするところだ。海鳥というのは海の鳥と書くため、その研究は海洋研究所のお仕事だと思い込んでいた。

しかし、南硫黄島では森林の中で多くの海鳥が繁殖していた。海鳥は森林生態系の一部であり、間違いなく森林総合研究所の研究対象だったのだ。いやはやこれまでちゃんと研究せずにほったらかしにしたことを猛反省である。

こうして私は南硫黄島調査をきっかけにして、海鳥を研究テーマの一つとして位置づけることにした。

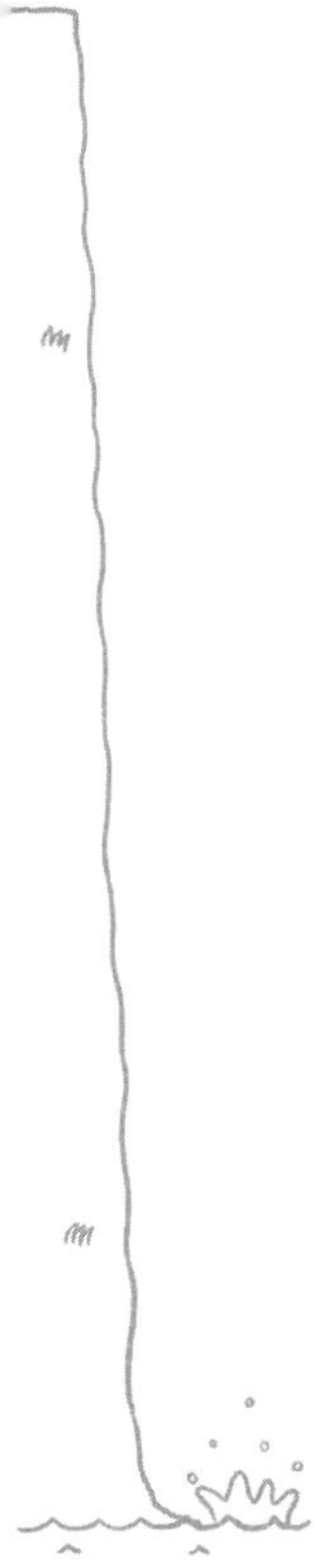

［14］北硫黄島・パラレル・アイランド

☞島の履歴書

南硫黄島の調査を終えた私たちは、翌2008年に北硫黄島に向かった。今回も東京都による総合調査だ。

北硫黄島は南硫黄島から約100km北にある無人島だ。最高標高は792mを誇り、小笠原諸島で2番目に標高が高い。そして、島の周囲はやはり崖に囲まれている。南・北硫黄島はとてもよく似た兄弟島なのである。

両者には一つ大きな違いがあった。北硫黄島には淡水をたたえる沢があるのだ。そのおかげで、この島には過去に人間が住んだことがある。ただし、この沢は渋沢と呼ばれ、水を飲むとビリビリと酸っぱ苦い。硫黄とかナントカとかが溶けているのだろう。

この島に人が住み始めたのは1898年のことだ。厳しい斜面でのサトウキビ栽培や、漁業が生業となっていた。しかし、第二次世界大戦により住民は島を離れることとなり、1945年からは無人島となっている。

北硫黄島全景

わずか50年足らずとはいえ、人間が住めば自然への影響はまぬがれない。

以前はこの島にも多くの海鳥が繁殖していた。少なくともカツオドリ、アカオネッタイチョウ、2種のウミツバメ類、3種のミズナギドリ類の合計7種の海鳥がいた。しかし、ウミツバメ類とミズナギドリ類は全てこの島から絶滅し、現在繁殖しているのは前2種のみだ。

原因は、人間とともに侵入した外来のクマネズミである。

クマネズミは種子を中心に植物を好むが、小動物をも捕食する雑食性のネズミである。鳥類もその犠牲者リストの一角をなす。

生き残った2種の海鳥と絶滅した5種の海

見た目はかわいいクマネズミ

鳥には、明確な違いがあった。前者は体が大きく地上に巣を作る。後者は体が小さく地中に掘った狭い穴の中に巣を作る。狭い穴の中で襲われると、小型の海鳥たちに抵抗する術はない。卵や雛だけでなく、親鳥そのものが襲われることもある。

南硫黄島の原生自然を見てきた目で、北硫黄島の自然を見る。そうすることで、海鳥がいなくなるといったいどうなるのかを確かめるのがこの調査のテーマだ。

☞メガネは落としちゃいけません

過去に人が住んでいたからといって、上陸が楽ちんなわけではない。

泳いで上陸するスタイルは南硫黄島と同じ

である。力を合わせて大量の水と生活物資、調査道具を島に運び込む。ただし、今回の荷揚げは海岸では終わらない。標高２５０ｍまで荷物運びをしなくてはならないのだ。

南硫黄島は崖で囲まれていたため、必然的にベースキャンプを海岸に作ることになった。しかし、この島では海岸近くの集落跡地から沢沿いに斜面を登ることができる。そして標高２５０ｍの地点には戦前に精糖工場があった平坦地がある。この島ではサトウキビ栽培が行われていたため、これを絞って煮詰める工場があったのだ。

今回は少しでも山頂に近い精糖工場跡地をベースキャンプとすることになった。

「２００８年といえば、ドラえもんでタイムマシンが発明された年ですよ。縄文時代じゃあるまいし、重たい荷物を担いで山に登ってる場合じゃないですよ」

そんなことをぼやきながら、肩にザックを食い込ませつつ精糖工場に向かう。今回もルート工作班のサポートがあるものの、荷物運びの回数を減らすため研究者もできるだけ多くの水を担がなくてはならない。

子供の頃は50ｍを8秒ぐらいで走っていた。今でも10秒あれば走れるだろう。それなら２５０ｍは50秒だ。

そんな簡単な計算のはずなのに、移動方向を垂直にするだけでべらぼうに時間がかかる。

ふと横を見ると、ルート工作班のコヤナギがガッシャーの中に山盛りにペットボトルを詰め込んで歩いている。ガッシャーは100Lの容量を誇る、小柄なおばあちゃんなら二人ぐらい入りそうな体育会系の大型ザックだ。コヤナギがいったい何kg担いでいるのかは知りたくもない。

ちっ、そんなの見せられたらぼやきづらいじゃないか。少しはサボれよ。

まずは急斜面の尾根を登る。せっかく登ったのに谷に向かって下り、沢を越える。そこからロープを使ってもう一度急斜面を登り直すと、ようやく精糖工場に着く。

50年以上の歳月が過ぎ、もはや工場の面影はない。地面の平坦さが、過去に人が利用していたことを思い出させてくれる。その平らな場所も半分は巨大なガジュマルの木に覆われて自然に還ろうとしている。

調査隊の主要メンバーは南硫黄島の時と同じだ。荷物を下ろして休憩していると、ルート工作班と研究者たちが次々に到着する。

到着したチバが何か騒いでいる。彼はカタツムリ調査の担当だ。

「メガネ落とした！　メガネ落とした！」

「いや、メガネかけてますよね」

「違うんだ、いつの間にか片側のレンズだけ落としたんだ！」

確かによく見ると、レンズが片方しか入っていない。普通、そんな落とし方するかい？

「そういえば、南硫黄でもメガネなくしてましたよね。今回はスペア持ってきたんですか？」

「ない。あるわけない。まさか、またなくすとは思ってなかった」

そうですか、そうですか。

私たちは失敗から学ぶことの大切さをひしひしと感じながら、粛々とテントを設営し、ベースキャンプを整えていった。

夜は、翌日からの調査にそなえ早めにテントに入る。テントの中で横になっていると、遠くから漫画の中でしか聞いたことのない擬音が聞こえてくる。

ガラガラガラ、ゴロゴロ、ドザァーッ。メキメキメキッ。

いや、この時点では擬音ではなく本当の音なのだが、なにしろ耳慣れない音だ。

「どこか崩れたね」

「うん、崩れましたね」

「考えてもしょうがないね」

「そうですね、もう寝ましょう」

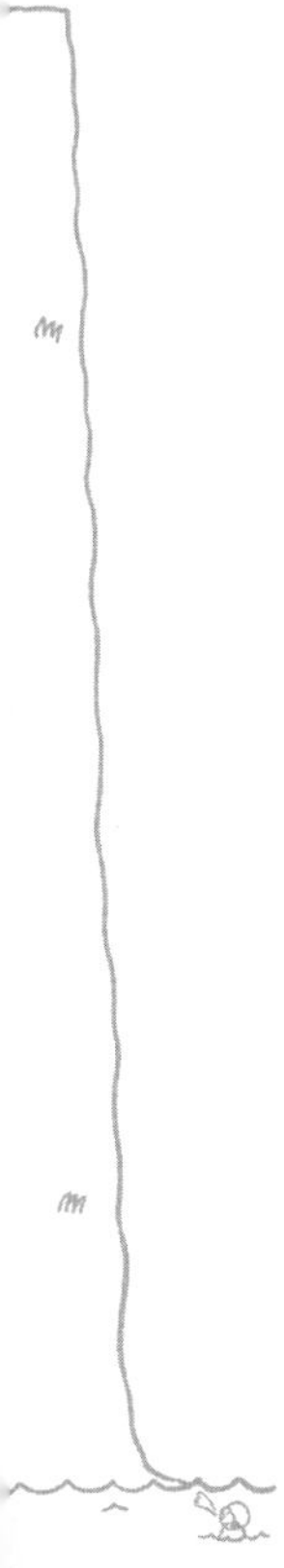

この島もなかなかタフそうな島である。

☜決してラクではありません

翌朝目が覚めると、谷の反対側に新鮮な土砂崩れが見えている。次に崩れるのが自分のいない場所とは限らない。

過去に人が住んでいたくらいだから、きっと山登りも安全で楽ちんに違いあるまい。そんな油断で胸をふくらませていたが、どうやら甘くはなさそうだ。考えてみると、この島を開拓した人たちは私たちとは比べ物にならないくらい屈強だったに決まっている。気を引き締めて登ろう。

ルート工作班に道を切り拓いてもらい、尾根に沿って登っていく。雨がしとしと降っていて、足元が滑る。

普段だったらこんな日には絶対お出かけしないぞ。そうは思うが調査日程には限りがある。多少の雨なら調査は決行だ。

登りながら、ルートの脇に小さなミカンをつけた柑橘の低木を見つけた。ピンポン玉ぐらいの果実をもいで割ってみると、やたらと皮が分厚く果肉がとても少ない。かじってみるとポッカの濃縮レモンのように酸っぱい。もちろんこれは人間が持ち込んだものだ。人の手を離れて60年以上経ち、すっかり甘くなるのを忘れてしまったらしい。

対岸を見てみるとタケが生えている。精糖工場はガジュマルに覆われていたが、両者ともに外来種だ。外来種があるということは、ここは１００年前にも使われていたルートなのだろう。もちろん当時の道はすでに植物で覆われているが、風景のあちこちに当時の入植の断片が記憶されている。

私がいるこの島は、南硫黄島のパラレルワールドなのだ。もしも南硫黄島に人が住んだらどんな世界になるのか。そんな運命の分岐点の反対側を見せてくれる島だ。

改めて島の持つ意味に考えを巡らせていると、標高５００mのコルに到着した。この島では、ここからが核心部である。

山頂を目指すためには、ここからさらに尾根沿いを進まなくてはならない。しかし、そこには垂直に近い斜面がそそり立っている。

ルート工作班は、事前にこの斜面にロープを設置してくれている。このロープをユマールで伝いながら登るのだ。

実は北硫黄島で調査が実施されたのは今回が初めてではない。私にとっては初めてだっ

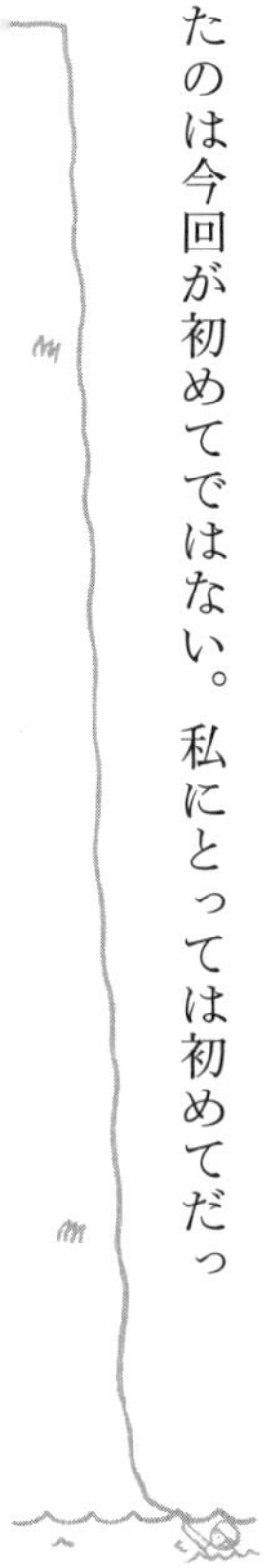

たが、近年も何度か調査がなされている。このため、この場所には過去の調査隊が使ったロープが残置されていた。最初の10ｍほどはこの残置ロープを頼りに登り、その先は新しく設置したロープで登ることとなった。

ここは危険な場所なので一人ずつゆっくりと登っていく。前の人が次のロープまで到達したら、次の人が出発する。

私の前はチバだ。チバがロープ伝いに先行する。

次は私の番だな。そう思った瞬間、チバの姿が視界から消えた。

「切れた！　切れた！」

斜面の下方からチバの声がする。どうやら古い残置ロープが傷んでいたらしく、体重をかけたことで切れてしまい、斜面を滑り落ちたらしい。なんとか途中で踏みとどまり、自力で斜面を這い上がって次のロープにたどり着く。

雨の日の斜面の滑りやすさを目の当たりにし、若干背筋が寒くなる。とりあえず気休めにアミノバイタルの顆粒を飲む。よし、アミノ酸を摂取したからもう大丈夫だ。自分に言い聞かせて一歩踏みだす。

そして、自分が隊列の後方を歩いてしまった失敗に気づく。

「まずい、つかまる植物がない……」

登る時にはロープを頼りにしつつも、同時に周囲の草木をつかんで体を引き上げる。しかし、先行する隊員の登攀《とうはん》と引き換えに草木はどんどん抜けていき、ルート周辺にはつかみやすい植物がなくなっていた。足元の土砂もどんどん崩れて歩きにくくなっている。このことは内緒にしておこう。そして次回は、何も言わずになるべく前の方を歩こう。そう心に誓いながら、ロープだけを頼りに体を持ち上げ、崩れる斜面を少しずつ進む。

☞ 島は見かけによりません

なんとか核心部を越え、少し緩やかな尾根道に到達する。この標高まで来ると、周囲は雲霧に包まれている。

風が強いためか周辺の森林の樹高は高くない。低木林の林床には、発達したシダや葉っぱの大きな草本などが所狭しと茂っている。いかにも人手の入っていない豊かな自然だ。雲霧が発達しているおかげで一年中しっかりと水分が供給され、豊かな植生が維持されているのだ。人間が住んでいたのはわずか50年間のことだ。植生は大きな影響を受けておらず、自然度が高い状態を維持しているのだろう。

濡れた植物をかき分けて進むと、服がびしょびしょになる。しかし、それも自然の豊かさの指標と思えば、不愉快さはない。ここまで来るのは大変だったが、来てよかった。

しかし待てよ？　ほんとにこれは豊かな自然か？

ここは南硫黄島のパラレルワールドだったはずだ。ちょっと記憶を巻き戻して1年前を思い出してみよう。

南硫黄島の山上部の森林の林床は、土がむき出しになってぺんぺん草も生えていなかったんじゃなかったか？

原生状態の島は海鳥の島だ。海鳥は高密度で繁殖し林床を踏み荒らすため、植物は生えられず地表の植生はとても貧弱になっていたことを思い出す。

そう考えると、北硫黄島の林床に植物が生い茂る自然豊かな風景は、自然ではないのだ。ここも海鳥がいた頃には土がむき出しだったはずである。しかし、海鳥という制限要因がなくなったおかげで、植物が繁り始めたのだ。

しかも、この土壌は海鳥の祝福を受けた土壌だ。海鳥たちは、海で魚を食べて陸上で糞をする。このため、リンや窒素といった養分を海から陸に供給する。これらの養分は肥料の主成分であり、植物が育つために必須のものだ。

この島から姿を消したミズナギドリとウミツバメは、地面に深いトンネルを掘って巣を作る。そのことによって土は耕されて柔らかくなる。これも植物にとっては生育しやすい条件となる。

まず海鳥が耕し、肥料をまき、植物が生育しやすい環境を整えた。その上で、人間とともにやってきたネズミの影響で海鳥がいなくなり、植物にとって好条件が訪れたのだ。ネズミは種子を食べるので、植物にとってマイナスの影響がある。しかし、海鳥の絶滅はそのマイナスを補って余りあるほどの利益をもたらしたのだ。

この一見豊かな自然は人の影響の下に成り立ったものだ。その意味で、偽りの自然なのである。

私はこれを見るためにここに来たのだ。

☞ ここに彼らはおりません

尾根道を登り切ると雲霧の中に平地が現れた。この場所は三万坪と呼ばれている。ちなみに実際の面積は4万5000坪ほどあるので、明らかな過少申告である。もしかしたら税金対策だったりするのかもしれない。

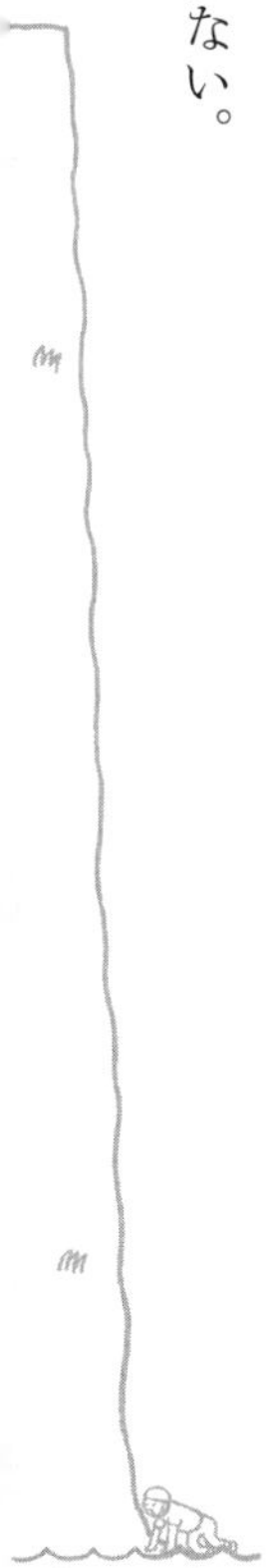

それはともかく、山頂部に平地があるのは南硫黄島との大きな違いだ。ここにはヒサカキとアジサイが混在した低木林が発達している。

戦前のこの島では牛を飼っていたそうだ。その牛はここ三万坪に連れてきて放牧していたらしい。牛がいた頃には多くの植物が食べられて、森林はそれほど発達できなかったことだろう。目の前にある低木林は、牛がいなくなって半世紀以上経つことで成立した若い林なのだ。

亜熱帯の太陽は旺盛な成長を促し、雲霧は水分を供給する。海鳥のおかげで土壌には栄養が蓄えられている。

島の歴史を知らなければ、無人島の霧の中に浮かぶ幽玄な低木林もまた豊かな自然に見える。だが、これもやはりオリジナルなものではないのだ。

しかし、私たち人間ですらこの三万坪まで来るのにとても苦労をした。そんなところまで登ってきた牛とは、いったいどんな牛だったのだろう。さぞかしマッチョでムキムキの牛だったに違いあるまい。

どこかに牛の骨でも落ちていたら持って帰りたいな。

天気が悪くて鳥も飛んでいないので、せめて鳥の骨でも落ちていないかと足元を見ながら歩き回る。徐々に目が慣れてくると、地上に明治チョコベビーのような粒状のものが落ちているのが目につく。

ネズミの糞だ。

海岸近くでは、日中でもガジュマルの木に登るネズミの姿がしばしば見られた。ベースキャンプ周辺では、タコノキの果実にネズミがかじった痕がたくさんあった。この島には、海岸から山頂まで、至るところにネズミが侵入しているのだ。

日中の調査を終えると、夜の調査に入る。南硫黄では空から雨のように海鳥が降り注ぎ、地中から鳴き声が響く時間帯だ。

しかし、北硫黄の夜は静かだ。どんなにライトをつけていても、海鳥は飛び込んでこないし、鳴き声も聞こえない。

もしかしたらどこかに海鳥が生き残っているんじゃないか。もし生き残っていれば、その鳴き声は遠くからでも聞こえるだろう。

淡い期待を胸に秘めていたが、残念ながら彼らの気配はなかった。悲しいことではあるが、それを自分の目と耳できちんと確認できたことは収穫である。

翌朝、メジロのさえずりで目を覚ます。しかし、聞こえるのはメジロの声だけだ。南硫

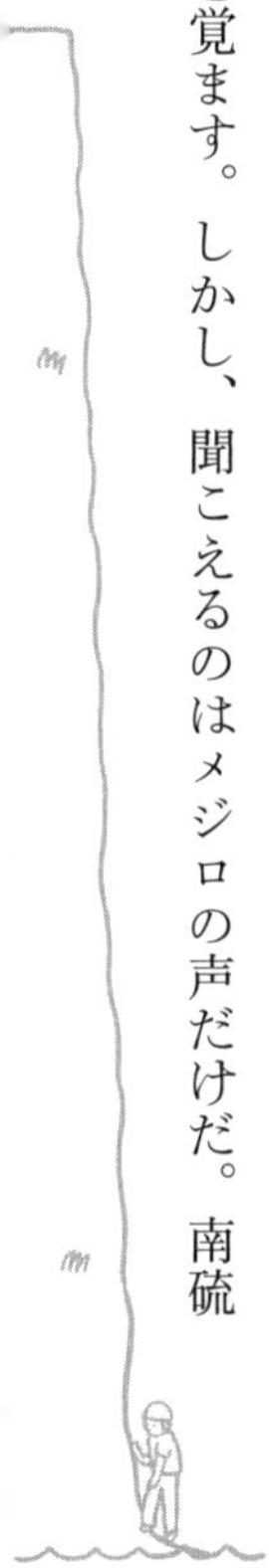

黄島では聞かれたウグイスの声がしない。この島には戦前はウグイスがいたが、戦後には一切記録がない。この鳥ももしかしたら小数が生き残っているのではないかと期待していたが、やはり見つけることができなかった。

小笠原では、ウグイスもネズミに捕食されて局所絶滅しやすい鳥の一つなのだ。

メジロだけで編成された朝のコーラスを聴きながら、南硫黄島の原生自然が残された奇跡に改めて感謝の念がわいてきた。そして、海鳥が生態系の中で発揮している機能の大きさを痛感した。

［15］海鳥ヒッチハイクガイド

☞海鳥ワシワシ

小笠原諸島には多くの無人島がある。無人島にはロマンの香りと海鳥の繁殖地がある。南北硫黄島の薫陶を受けた私は、海鳥を調べるため無人島行脚《あんぎゃ》を開始した。

その目的は、海鳥を捕獲してワシワシすることである。

私は東北大学院生だった青山夕貴子さんとともに、船をチャーターして海鳥が多数繁殖している無人島に上陸した。海鳥たちが警戒している様子はない。これまで人間にひどいことをされたことがないのだろう。

だが、そんな安穏とした日常とも今日でお別れだ。

最初のターゲットはカツオドリである。カツオドリは翼を広げると1・5mにもなる大型の海鳥で、ちょっととぼけたお顔が人気を博している。鼻の穴がないのがチャームポイントで、男の子は青、女の子は黄色い顔をしている。今日はそんなキュートな鳥を捕獲しようという魂胆である。

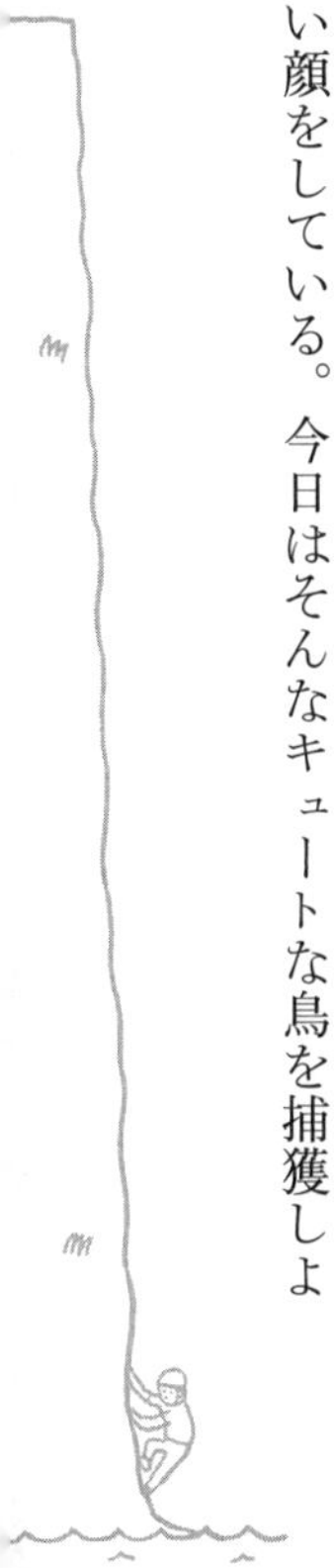

カツオドリ

巣で卵を抱いている個体を捕まえると、繁殖を邪魔してしまうかもしれない。そこで、岩の上でのんびりと休憩している個体に狙いをつける。

数mの距離まで近づいて、電光石火の早業で大きな玉網を一閃する。次の瞬間にはカツオドリはまんまと網の中だ。自らの不用心を呪いながら、ギャーギャーと怨嗟《えんさ》の声を上げている。

まずは素早くくちばしをつかむ。くちばしは先端が尖っており、噛み合わせ部分はノコギリのようにギザギザになっている。

油断して手を離すと、刃物のようなくちばしで攻撃してくる。その鋭いブレードに触れると、皮膚はスッパリと切れる。危険な相手なので手加減は無用だ。

その最大の武器を沈黙させたら、はばたけないように翼を折りたたんで、しっかりと小脇に抱える。これで安全に作業ができる。

小脇に抱えたカツオドリを大きなコンテナボックスの中に入れ、お腹を前に向ける。間髪入れず、青山さんが指で羽毛をワシワシと掻きほぐす。まるで床屋さんがシャンプーなしでシャンプーをしているような光景だ。

遠目には、お腹のかゆいカツオドリさんを幸せにしてあげているように見えるかもしれないが、今の彼らはどちらかというと不幸せだ。そこまでしてワシワシしているのは、海鳥の羽毛の中に隠れる植物の種子を落とすためだ。

続いて翼を広げて表面をこする。頭を櫛ですき、ヘアースタイルを整えながら種子を落とす。それが終われば無罪放免だ。嫌なこととしてゴメンねと、謝りながら放鳥する。

その時だ。

ウッ、オェッ、オェッ。

あら不思議、次の瞬間に私の膝の上にドロドロに溶けたイカが出現した。まるで引田天功さんのイリュージョンのようだ。

海鳥は、ストレスにさらされると胃の中にあるものを吐き出すことがある。カツオドリなら消化途中のイカやトビウオが定番だ。

「カワカミさん、臭いですよ」

うるさい、これはカツオドリの吐き戻しが臭いのであって、私が臭いのではないわい。

匂いをかがないよう口呼吸しながら、コンテナボックスの中に落ちた種子や植物片などを集めてサンプル袋に収納する。

一度臭くなってしまうと気持ちが吹っ切れる。私たちは次々にカツオドリを捕まえ、種子を採集した。

☜ 翼に乗ってどこまでも

南硫黄島の海岸部には多くのカツオドリがいた。彼らの羽毛には植物の種子がたくさんくっついていた。

ここにはナハカノコソウという植物がたくさん生えている。その種子はベトベトの粘着物に覆われており、羽毛にくっつくのだ。

その姿が、私にインスピレーションを与えてくれた。

鳥が植物の種子を散布することはよく知られている。しかし、種子散布の研究のほとんどは、果実を食べて糞とともに種子を排泄するもので、周食型散布と呼ばれている。

一方で、南硫黄島のカツオドリのように、粘着物やトゲなどによって動物の体表に付着して散布されることもある。空き地でズボンの裾にくっつくオナモミやセンダングサと一緒なのだ。

小笠原に分布する植物のうち、約７割は鳥によって散布されるタイプの種子を持っている。その約半分は周食型、半分は付着型と考えられている。しかし、これは種子の形から推定されたもので、実際にどんな植物がどんな鳥にくっついているかは、世界的に見てもほとんど調べられていない。

私はこれまでに小笠原で１０００羽以上の陸鳥を捕獲してきたが、羽毛に種子がくっついている個体はほとんど見たことがない。一方で、南硫黄島のカツオドリには遠目にもわ

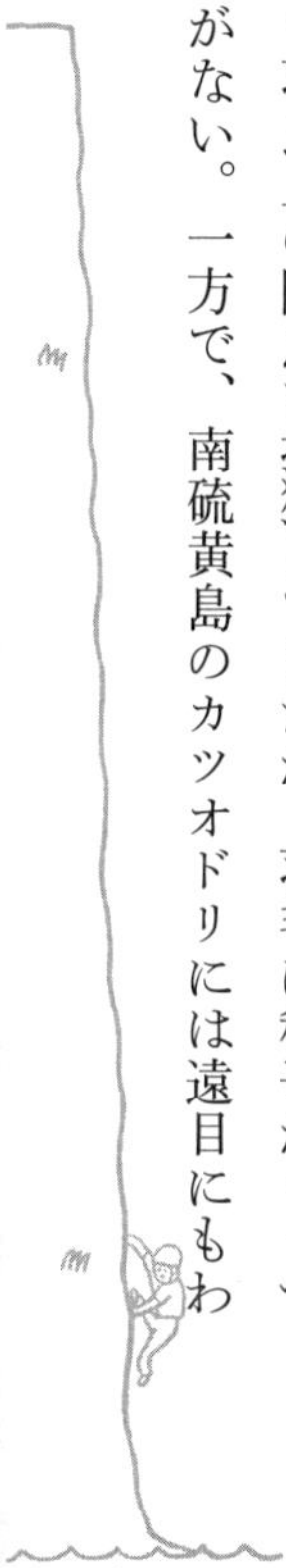

かるくらい種子がついていたわけだ。

海鳥の多くは開けた草原で繁殖しており、草原には付着型の種子を持つ植物が多い。小笠原の付着散布型の植物は、その多くが海鳥に運ばれている可能性が高い。

そこで青山さんと私は、小笠原の海鳥にどんな種子がくっついているのかを調べることにしたのだ。この研究によって、小笠原の植物相ができあがる上で海鳥がどんな役割を果たしているのかがわかるはずだ。

そういうわけで、南硫黄島をきっかけに海鳥の捕獲調査が始まった。

カツオドリに加え、クロアシアホウドリ、オナガミズナギドリ、アナドリも対象にした。これらは小笠原で広く多く分布している種類だ。

クロアシアホウドリを捕まえると、口から魚由来の油を撒き散らしながら抵抗してくる。この油が服に染みると、何度洗濯しても生臭さが消えない。オナガミズナギドリは、鉤《かぎ》形に曲がったくちばしで噛みついてきて流血が絶えない。アナドリは、おとなしいし噛まれても痛くないのでほっとする。

そんな苦労をしながら七つの無人島で合計１６０個体を捕獲した。その結果、１割ほどの個体には、何らかの種子がくっついていることがわかった。

しかも、その種子はいわゆる付着型の種子だけではなかった。

イヌホオズキは1㎝ほどの果実をつけるナス科の植物だ。普通は食べられて散布されるが、カツオドリの羽毛からこの植物の種子が見つかった。つぶれた果肉がベトベトして粘着物質の代わりになっていたのだ。

キク科のオニタビラコの種子は、タンポポの綿毛のように風散布される。これがオナガミズナギドリの羽毛に紛れ込んでいた。綿毛の部分がひっかかって落ちにくくなるようだ。

カタバミの種子も海鳥の羽毛の内部から頻繁に見つかった。カタバミの熟した果実は、触れると中から種子がはじけ飛んでくる。これは自動散布と呼ばれ、飛んだ距離だけ散布されるとされている。しかし、実際には鳥や哺乳類が触れて飛び散った種子が羽毛や獣毛に紛れ込み、長距離を運ばれているのだろう。

どうやら海鳥は思いのほかいろいろな種類の種子を運んでいるようだ。そう思うと、彼らの貢献は予想以上に大きいと言える。

そして分析の結果、シンクリノイガやナハカノコソウ、イヌホオズキなどの植物は、海鳥の繁殖地がある島によく分布していることも示された。

海鳥は繁殖や休息、ねぐらなどのため島の間を移動する。彼らはランダムに移動するわ

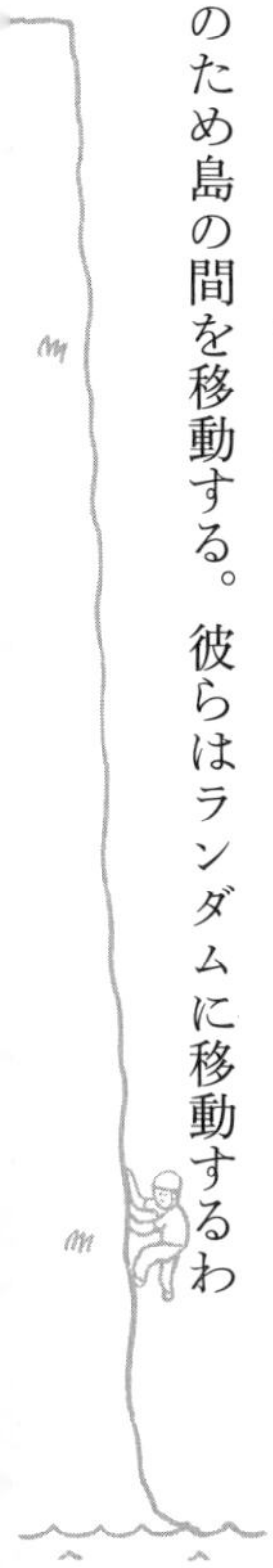

けではなく、自分の好きな環境の間を移動しているはずだ。たとえばカツオドリなら海岸に近い開けた場所を好んでいる。

そうすると、ある島で付着した種子は、別の島の似た環境に運ばれることになる。もともと生えていた場所と同じ環境に散布されることは、植物が定着する上でも好都合である。このため、風や波であてどもなく運ばれるよりも、条件の良い場所に狙いをつけて海鳥に運ばれる方が、メリットが大きそうだ。

海鳥は本気になれば1日に数百kmを移動することができる。とてもパワフルな種子散布者なのだ。彼らは島の外から植物を運び、新たな植物相を創り出す力を持っている。

なお、ここでは一括して種子と表現しているが、実際には小型の果実も含まれている。面倒なので種子と表現していることをご容赦願いたい。

☞瓢箪《ひょうたん》からムシ

いったいどこで海鳥の体に種子がくっつくのだろうか。もちろんその辺を歩き回っている時にくっつくこともあるだろうが、それだけではあるまい。思索を巡らせた結果、おそらく巣の中が効果的な付着場所になっているものと予想できた。

海鳥たちは枯れた草や枝を巣材にしている。放卵の時にはお腹の羽毛を巣材に密着させるため、種子がついたままの枯れ草があれば体羽に付着しやすいだろう。

そこで私たちは、古巣を採集して中に含まれる種子を調べることにした。集めてきたオナガミズナギドリの巣材を青山さんが丹念に分析した。その結果、1㎝に満たない茶色い寝袋みたいなものを見つけてきた。妖精さんでも入っているのかと思って寝袋を開けてみると、中には昆虫の幼虫が入っていた。これはミノムシのミノのようなものだったのだ。

積極的に探すと、オナガミズナギドリとアナドリの巣からは、結構な頻度でこの妖精の寝袋が見つかった。

当時大阪府病害虫防除所にいた那須義次さんは、鳥の巣の中に棲む昆虫の研究をしている専門家だ。彼に見てもらったところ、これはヒロズコガやメイガという蛾《が》の幼虫だとわかった。これらは巣外ではほとんど見つからない種類であり、日本初記録の種も含まれていた。

亜熱帯の小笠原の気候は厳しい。地上は雨が降るとビショビショになり、晴れが続くとカラカラになる。しかし、地面に掘られたミズナギドリの巣穴の中には、雨水も太陽光も到達しないため、温度や湿度が安定している。

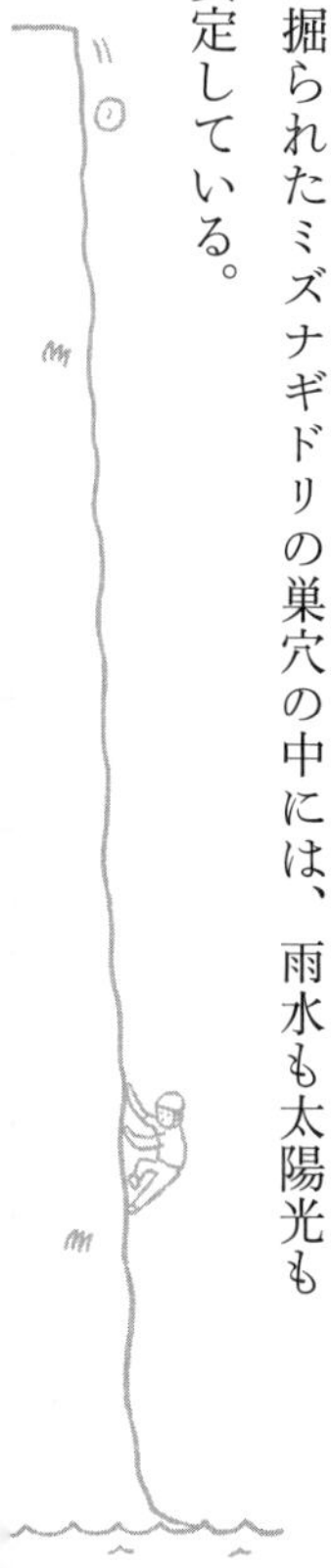

巣穴の中には、海鳥の羽毛や排泄物、雛への餌などといった形で、定期的にタンパク質が持ち込まれる。これらはヒロズコガの幼虫の食物となる。彼らにとって巣穴は、いながらにして食物と寝床が確保できる快適環境となっているのだ。

一方で、このような幼虫が不要な有機物を食べて巣の中をお掃除してくれれば、海鳥にとっても都合がよいだろう。これは、単に幼虫が巣穴に寄生しているのではなく、海鳥にとっても利益のある共生関係なのかもしれない。

海鳥の巣穴というものは、自然の状態ではもともと存在しない特殊な環境である。このように新たな環境を創出する生物を生態系エンジニアと呼ぶ。海鳥は生態系エンジニアとなることで、本来はそこに棲めないような昆虫に生息地を提供し、新たな昆虫相を創り上げる役割をも担っているのだ。

種子散布を契機に巣の中を調べたおかげで、海鳥が果たす機能の新たな側面を見つけることができたのはラッキーだった。

ただし、そちらに興味が移ってしまい、巣材の中に含まれる種子の分析が疎かになったことは内緒である。これはこれで今後の宿題である。

海鳥の島

海からの栄養分の供給、土の掘り返し、踏圧による植物の繁茂の抑制、種子散布、昆虫の生息地の創出。南硫黄島をきっかけに調査を進めたことで、海鳥が生態系の中でさまざまな機能を発揮していることがわかってきた。

島の生態系は、海鳥による八面六臂《はちめんろっぴ》の活躍によって形づくられているのだ。

その昔、小笠原の島々には海鳥がトコロセマシと繁殖していたことだろう。

今でこそ南硫黄島は、島中が海鳥にまみれた唯一無二の生態系を持っている。しかし、これはもともと特別なものだったわけではなく、本来は小笠原のあちこちの島で見られた普遍的な光景だったはずだ。

人間が自然に影響を与えることによって、多くの島で本来の姿が失われたことは残念だ。しかし、その片鱗が残っていたおかげで、私たちは過去を読み取ることができる。

星の数ほどの海鳥が繁殖している南硫黄島が、そのきっかけを与えてくれたのだ。

ちなみに、地球から肉眼で見える星の数は約８６００個だそうだ。南硫黄では、これをはるかに超える海鳥がいるので、「星の数ほどの海鳥」は過小評価かもしれない。

今後、べらぼうな数を表現する時には、「海鳥の数ほどの」という表現を使うことにしよう。

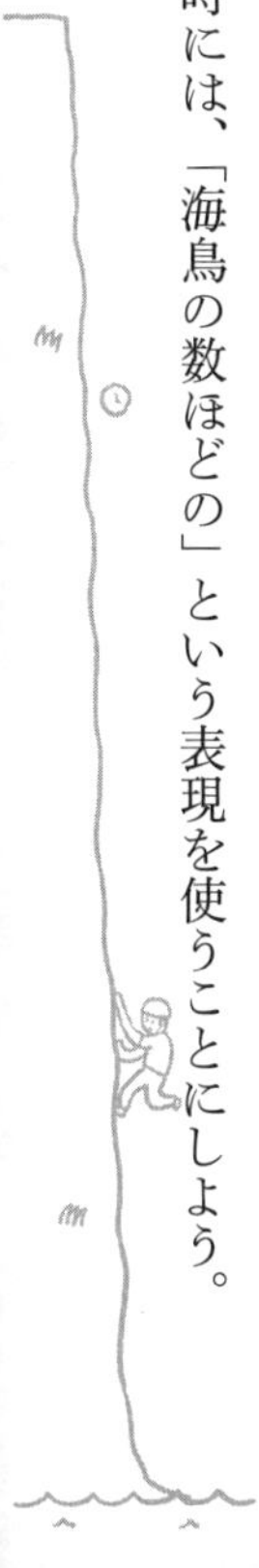

［16］島の鳥のつくりかた

☞アトハマカセタ

南硫黄島は、海鳥に関するインスピレーションを与えてくれた。だが、もちろん陸鳥のことを忘れていたわけではない。この島は陸鳥についての新たな知見ももたらした。それは、他所では得られない貴重なDNAサンプルに基づくものである。現在の火山列島には6種類の陸鳥が生息している。ウグイス、オガサワラカワラヒワ、メジロ、ヒヨドリ、カラスバト、イソヒヨドリである。

このうち最初の2種は、火山列島では南硫黄島にしか生き残っていない。南硫黄島で調査したおかげで、この2種の貴重なサンプルを手に入れられた。さらに、ヒヨドリとメジロのサンプルも採集できた。これを他島のものと比較すれば、火山列島の鳥類がどのような進化をしてきたかがわかる。

DNA分析の良いところは、どんな結果にせよ何らかの結果が出るところである。事前に綿密な仮説を立ててから分析に入らずとも、とりあえず分析をして結果を見てから考えることができるのだ。

そう書くと、なんだか簡単そうに聞こえるかもしれない。しかし、これを成功させるためには二つの条件をクリアしなくてはならない。

一つ目は、比較する他島のサンプルをたくさん手に入れることだ。そのためには、いろいろな島で鳥を捕獲しなくてはならない。これは私の得意とするところだ。有人島・無人

オガサワラカワラヒワ

メジロ

ヒヨドリ

島を問わず、私は小笠原の多くの島に上陸し、鳥を捕まえて採血してきた。これでサンプルは十分だ。

二つ目は、これらのサンプルを用いて実験室で上手に分析をすることだ。ここに至って大きな問題が立ちはだかった。なんと私は実験室での分析が得意ではないのだ。

実際の分析のためには、丁寧にプロトコルを進める慎重さと、実験を成功に導く工夫と

カラスバト

ウグイス
（写真がヘタでこんなのしか撮れなかった。無念）

イソヒヨドリ
（南硫黄島で撮り忘れました。他の島の写真でごめんなさい）

経験が必要である。先ほどはとりあえず分析すればいいからヨユー、みたいなことを書いたが、そう簡単なものではない。調子に乗ってごめんなさい。

私は元気に野外調査をすることはやぶさかではないが、室内実験にはいささか不向きである。マニュアルを読むのが苦手だし、肩も凝るし、若干飽きっぽいし、正確性も足りない。もちろん世の中には野外調査も室内実験もそつなくこなすスマートな研究者がたくさんいるが、私はそうではない。

せっかく採集してきた貴重なサンプルを、慣れない私が分析して無駄にしてはいけない。敵を知り己を知れば百戦殆《あや》うからずと孫子も述べている。ここは助けを求めるのが最良の選択と心得た。

そこで私は、友人たちに救難信号を送った。その結果、ウグイスの試料は当時立教大学にいた榮村奈緒子さんが、オガサワラカワラヒワは山階鳥類研究所の齋藤武馬さんが、メジロとヒヨドリは国立科学博物館にいた杉田典正さんが快く引き受けてくれた。彼らにはここに深くお礼申し上げたい。

あとは果報を寝て待つばかりだ。

☜ 六鳥六色

4種の鳥について分析の結果が出てきた。また、残り2種のカラスバトとイソヒヨドリについては、北硫黄島の個体のDNA分析や観察記録から、移動に関する知見がある。小難しい話はさておき、概ね以下のような結果が得られた。

カラスバトとオガサワラカワラヒワとイソヒヨドリは、火山列島と小笠原群島の間を移動していると考えられる。

ヒヨドリは火山列島と小笠原群島の間を移動しないが、火山列島の中では島間を移動している。

南硫黄島のウグイスとメジロは、この島の中だけで過ごしている。

ふむふむ、これはなかなか興味深い結果だ。

まずは、カラスバトとオガサワラカワラヒワに注目したい。DNA分析の結果から、前者は数十万年前に、後者は100万年以上前に小笠原に渡来したと考えられる。要するに、結構昔にやってきたというわけだ。

一般に、島の鳥は移動性を失う方向に進化することが多い。これは世界的な傾向である。しかし、彼らはそうなっていない。そこには彼らの食性が関係していそうだ。

これら2種は種子を主食にしている鳥だ。だが、それぞれの植物が種子をつける時期はバラバラだし、年や地域によって豊作だったり凶作だったりする。たとえば台風が来て植物の花がみんな落ちてしまったら、ある時期に種子が全くなくなってしまうかもしれない。このため、狭い地域だけで暮らしていると、種子食の鳥は食べ物が不足してしまうだろう。特に小笠原諸島のそれぞれの島は面積が小さいので、島の中だけで生活するのは難しいものと考えられる。

そう思うと、彼らが小笠原諸島内の島々を広く移動していることは、とても合理的だ。

これに対して、ヒヨドリとウグイスとメジロは、森林に棲む雑食の鳥だ。彼らは特に昆虫をよく食べている。

昆虫は種子に比べると年や季節によって大きく量が変化することはないだろう。小笠原諸島は亜熱帯にあるので、一年を通して暖かく冬でも昆虫がいなくなることはない。また、雑食の鳥たちは昆虫だけでなく、果実やカタツムリなどさまざまなものを食べることができる。

このため、これらの鳥は比較的狭いエリアの中で一年を過ごすことができる。特にウグイスとメジロは小さな鳥なので、南硫黄島という小さな島の中でも多数の個体が十分に暮

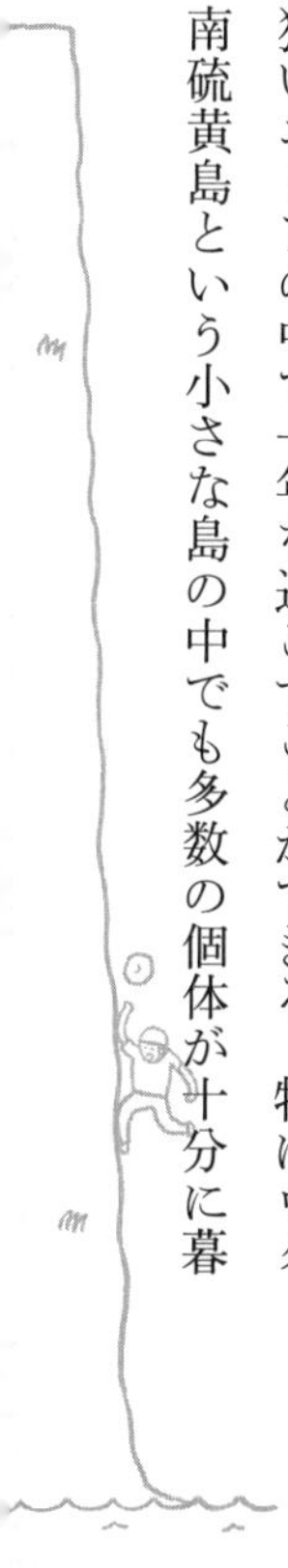

らしていけるのだろう。

ウグイスとメジロは体重がせいぜい十数gしかないが、一方でヒヨドリは50～80gほどあり体が大きい。体が大きいと、それに応じて縄張りが広くなり生息密度が低くなる。そうなると、ヒヨドリは小さな南硫黄島だけでは多くの個体数を維持できない可能性がある。この鳥の場合は、硫黄島や北硫黄島と行き来をすることで、火山列島全体として集団を維持しているのだろう。

いずれにせよ、海を越えて島間や列島間を移動することは、彼らにとっては大きなコストがかかることだ。せずに済めばしない方向で進化してきているのだ。

残る1種のイソヒヨドリはやはり雑食の鳥だが、この鳥は海岸沿いの開けた場所に棲んでいる。小笠原の島々では、そういう開けた場所は森林に比べて面積が狭い。このため、それぞれの島に棲むことのできるイソヒヨドリの数はヒヨドリ以上に限定される。

個体数が少ないと、いろいろな偶然で絶滅しやすくなってしまう。そう考えると、彼らは他の島と頻繁に交流していなければ、集団を維持するのが難しいはずだ。雑食性の鳥であっても広く島間移動をしているのには、そんな事情があると考えるのが合理的だ。

先に書いた通り、島の鳥類は移動性を失う方向に進化することが多い。周囲が海で囲まれているのだから、陸に棲む動物にとっては移動しない方がリスクが低そうだというのはなんとなく予想がつく。しかし、そのような進化は、食性や生息場所の条件によって生じやすさが異なる。

火山列島の鳥たちの研究をすることで、島の鳥たちの進化について理解が少し進んだ気がする。

☞むかし、むかし、あるところに

ヒヨドリのDNAを分析したことで、もう一つ面白いことがわかった。

小笠原群島にも火山列島にもヒヨドリが生息している。このため、火山列島のヒヨドリの祖先は、すぐ隣にある小笠原群島からやってきたのだと思っていた。

しかし、それは単なる思い込みだった。

小笠原群島のヒヨドリの祖先はどうやら八重山諸島の方からやってきたらしい。だが、火山列島のヒヨドリは本州以北の北方が起源だったのである。

また、メジロは火山列島には自然分布しているが、小笠原群島にはいなかった。現在の小笠原群島にはメジロがいるが、これは人間によって人為的に持ち込まれた外来種だ。

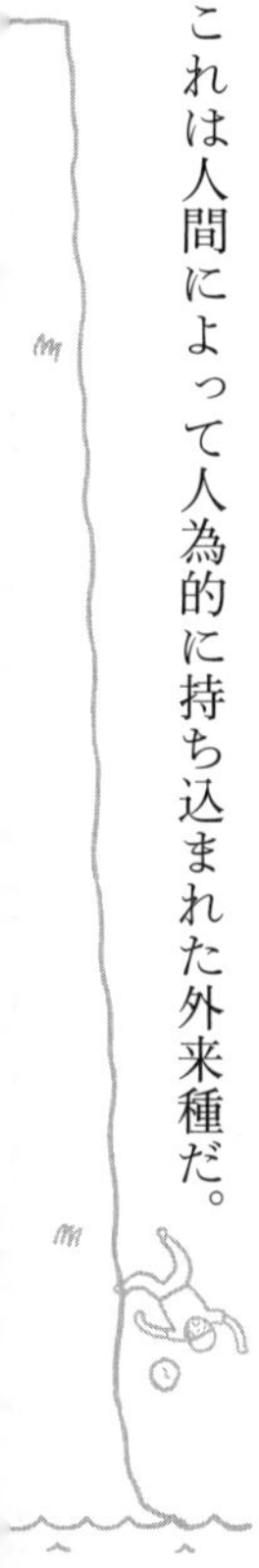

火山列島のメジロの起源は、ＤＮＡ分析の結果から伊豆諸島または沖縄と推定された。鳥は東西の移動よりも南北に移動することの方が多いため、どちらかというと伊豆諸島からやってきたのではないかと思う。そうすると、北に位置する伊豆諸島から南に向かったメジロは、小笠原群島を飛び越して、さらに南にある火山列島までやってきたということになる。

ヒヨドリとメジロの分析は、なんだか不思議な結果となったのだ。

また、ノスリやメグロなど小笠原群島だけに分布している鳥もいるし、ハヤブサはすでに絶滅しているものの火山列島だけに分布していた。これら二つの地域は、同じ小笠原諸島の中にあって隣接しているが、異なる生物相を持っているのだ。

だが、これは鳥だけの傾向ではない。

火山列島にはイオウノボタン、チギ、ヒサカキなどの植物が分布している。一方で、小笠原群島にはそれぞれの種と近縁なムニンノボタン、シマホルトノキ、ムニンヒサカキという植物がある。

しかし、これら火山列島の植物は小笠原群島からやってきたわけではなく、伊豆諸島など他の地域に起源を持っている。小笠原群島を飛び越して、南の火山列島に分布を広げるというのは、火山列島の動植物の常套手段なのだ。

このようなことが起こったのは、両地域の島が生まれたタイミングが異なっているためと考えられる。

はるか昔、４０００万年以上前の海底火山の噴火が起源となり、小笠原群島が生まれた。まず、ここに各地から鳥がやってきて定着した。

それから長い時間が過ぎ、南に１５０㎞ほどの場所に火山列島が産声をあげた。これはせいぜい十数万年前のことである。

小笠原群島にいた鳥たちは、それぞれの生活スタイルに合わせて、新しくできた火山列島に行ったり、行かなかったりした。移動性の強い種子食の鳥は、喜んで火山列島へ行っただろう。一方で、この時に行かなかったのがヒヨドリだ。おそらくヒヨドリは小笠原群島に定着して長い時間を過ごし、移動性を失っていたのだろう。

ウグイスはこの頃はまだ小笠原に到達してからの歴史が浅く移動性が高かったのか、火山列島に移動した。だが、その後は小笠原群島と火山列島の間での交流はなくなり、それぞれで独自の集団となっていった。

火山列島ができた後には、北方からヒヨドリとメジロがやってきた。だが、小笠原群島

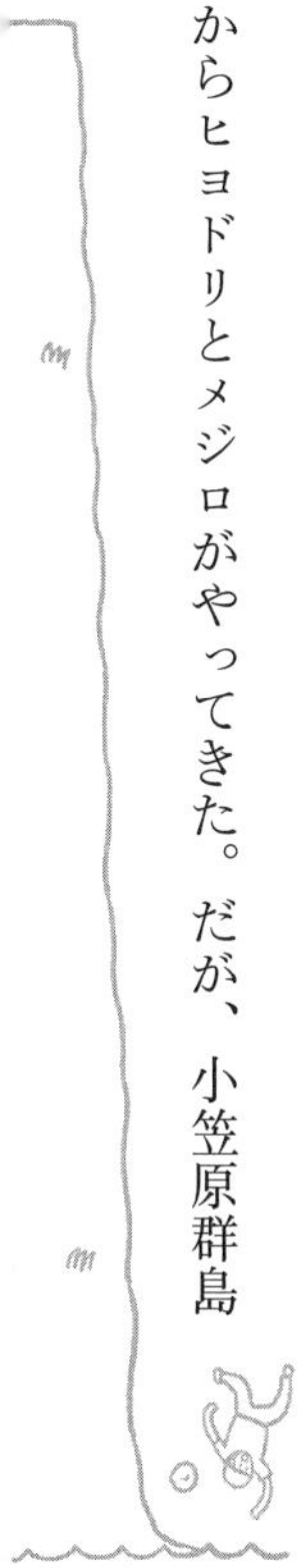

にはすでに八重山由来のヒヨドリとメジロ科のメグロという鳥がいた。彼らは資源をめぐる競争相手となる。このため、北方から来た鳥たちはここに定着することはなく、さらに南の火山列島まで行って居を構えたのだろう。そして火山列島で移動性を失っていったのだ。

こうして、島間移動の様式が異なるいろいろな鳥が生まれたのだ。

このような分布の背景にはもう一つ、島の面積という要因がある。

小笠原諸島の島々は面積がとても小さいことが特徴である。最も大きな硫黄島ですら30㎢しかなく、全ての島を合わせても100㎢程度しかない。

同じ海洋島であるガラパゴス諸島やハワイ諸島の面積は、それぞれ約7800㎢と2万8000㎢もある。南西諸島の奄美大島は約700㎢、沖縄島は約1200㎢ある。小笠原諸島がいかに小さな島々で構成されているかがわかるだろう。

もしも小笠原諸島が他の島ほど大きければ、鳥たちの生活様式も異なっていただろう。面積が狭いと、それだけ島の中の資源が少なくなるため、鳥たちは工夫をして生きていかなくてはならないのだ。

島ができた年代、面積、鳥がやってくる順番、鳥の食性や体のサイズなどなど、さまざまな要因に影響されて、それぞれの陸鳥たちがそれぞれの生活スタイルを進化させてきた。

進化とは、偶然の申し子なのである。

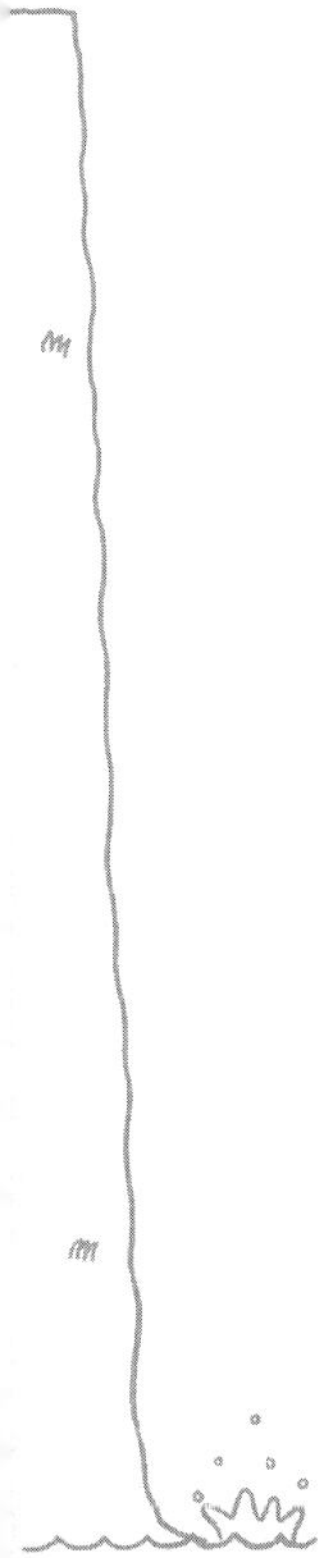

［17］誰がハヤブサ殺したの？

過去の間違いというものは、できるだけ直視したくない。おめおめと自己嫌悪に陥り、現在の生産性を下げるのは得策ではない。このため、私は過去の過ちから目を背けるよう全身全霊を尽くしてきた。

ただし、科学は過去の間違いを修正することで発展してきた。私もここに勇気を持って自分の勘違いを告白しておきたい。

☞南硫黄島七不思議

シマハヤブサは、南硫黄島七不思議の一角を担う鳥だ。何が不思議かというと、この鳥が南硫黄島にいなかったことが不思議なのである。

南硫黄島にはペンギンもいなければ火星人もいない。そう考えると、この島に誰かがいなかったからといって、それほど不思議とは思えない。しかし、シマハヤブサの場合は火星人とは事情が異なる。なぜならば、この島は硫黄島と北硫黄島には分布していたからだ。

この鳥はハヤブサの亜種で、火山列島のみに生息記録がある。残念ながら１９３７年の記録を最後に絶滅しているが、それまでは生態系のピラミッドの頂点に立つ頂点捕食者として君臨していた。

一般に頂点捕食者は高密度になることができない。捕食者として生きていくには、食物が十分に獲得できるような広いなわばりが必要となるからだ。

当時の硫黄島と北硫黄島を合わせても、面積は30㎢にも満たない。普通はこんな狭い面積の中で猛禽類が長期的に集団を維持していくのは難しい。それを可能にしたのは、海鳥の存在である。

19世紀の記録を読むと、シマハヤブサはアナドリなどの海鳥を捕食していたと書かれている。当時の硫黄島と北硫黄島には、星の数ほどの、いや、海鳥の数ほどの海鳥が所狭しと繁殖していたと考えられる。島の面積を考えると、その数は１００万羽を超えていた可能性もある。

猛禽類にとって、海鳥の集団繁殖地はとても効率の良い採食場所だ。濡れ手に粟というか、静電気を帯びた手にまとわりつく発泡スチロールの欠片というか、なにしろ獲物にコト欠かない。

多数の海鳥を無限の資源として利用することで、シマハヤブサは他の地域にくらべて高密度になることができたに違いない。おかげで、狭い地域ながら十分な個体数で集団を維持できていたものと考えられる。

生態系における海鳥の機能にもう一つ項目を付け加えることができた。海鳥は、食物となることで捕食者の集団を維持するという機能も持っているのだ。

そう考えると、シマハヤブサが絶滅した理由も納得がいく。これら二つの島には、19世紀末から人間が住み始めた。その影響により、彼らが食物としてきた小型の海鳥が絶滅してしまった。食物が不足したことが、この鳥を絶滅に追い込んだと考えるのは合理的である。

もしそうだとすると、南硫黄島もシマハヤブサの生息地となっていてもおかしくない。しかも、この島では現在も高密度で海鳥が繁殖しているのだ。他の2島で絶滅したとしても、この島では生き残ることができたはずだ。

しかし、しかしだ。戦前にも戦後にも、南硫黄島ではこの鳥の記録が一切ないのだ。理由はわからないが、シマハヤブサは南硫黄島にいなかった。

これが七不思議の一つだ。

お詫び申し上げます

そんなふうに、不思議だ不思議だと言ってきたわけだが、実は不思議じゃなかった。

小笠原の過去の植生について調べていたある日のこと、何気なく一本の報告を読んでいた。１９３６年に南硫黄島で調査を行った岡部正義氏によるものだ。そこに、南硫黄島で観察した鳥が羅列して書いてある。

……、……、ハヤブサ、……

マジかっ！　そんな！　いまさら！

私はこれまで南硫黄島の調査記録をたくさん読んできた。しかし、なぜだかわからないが、その記述を読み飛ばしていたらしい。

日本鳥学会が発行する日本鳥類目録第7版を読むと、シマハヤブサの分布域としては硫黄島と北硫黄島しか載っていない。

なぜか？　それは私がそう書いたからだ。

環境省が発行するレッドリストの解説文を読むと、南硫黄島では記録がないと書いてある。

なぜか？　それは私がそう書いたからだ。

いやはや、今さらこんな文献に出てきてもらっては困るじゃないか。しかし、これは公刊された報告である。もはや隠しようがない。

岡部氏は、当時林野庁の職員として小笠原に駐在していた。鳥類にも精通しており、小笠原で観察したさまざまな鳥類についての記録を残している。その彼が書いているのだから、間違いないだろう。

1936年には、確かに南硫黄島にハヤブサがいたのだ。そして、この当時にここにいたということは、これは亜種シマハヤブサだと考えて間違いないだろう。そして、1982年に調査が行われるまでの約50年の間に、彼らはこの島でも絶滅したのだ。

いや、私もおかしいと思っていたよ。南硫黄だけにシマハヤブサがいないはずがないではないか。もちろん、いたに違いないと前々から思ってましたよ。ねぇ。

文献を調べることにより、過去の新たな記録が見つかることは珍しいことではない。むしろ、新たな記録が掘り起こされ、より正確な分布が明らかになることはウェルカムである。

何はともあれ、ひと言申し上げておきたい。

私の精査が甘くて、間違った情報を流布してしまい、大変申し訳ありません。

謎解きの時間

さて、贖罪《しょくざい》が終わってスッキリしたわけだが、ここで一つ問題が浮上してきた。七不思議が一つ減ってしまって、六不思議になってしまった。

ここに新たな不思議を生んで、その点を解消しなくてはならない。新たな不思議は、「人間が影響を与えていなかった南硫黄島で、シマハヤブサが絶滅した不思議」だ。

この原因は、おそらく島の面積にあるだろう。硫黄島は火山活動により近年面積が拡大しているが、戦前は約20㎢だった。一方で、北硫黄島は5・5㎢、南硫黄島は3・5㎢である。硫黄島に比べて、他の2島はとても小さいのだ。

繰り返しになるが、頂点捕食者であるということは、ある面積に棲むことのできる個体数が少ないということだ。島の面積が小さくなれば生息できる数は少なくなるため、単独で集団を維持することが難しくなる。おそらく火山列島では、面積の広い硫黄島を分布の中心として、3島で個体が交流しながら、全体として集団を維持していたのだろう。

南硫黄島は面積が小さく、もともと多くのシマハヤブサがいたとは考えづらい。何か大きな自然災害があれば、一時的に個体数が減少することもあり得る。しかし、面積の広い硫黄島から一定の頻度で個体がやってきていれば、集団はその都度回復できる。

だが、硫黄島と北硫黄島には人間が住み始めた結果、シマハヤブサがいなくなってしまっ

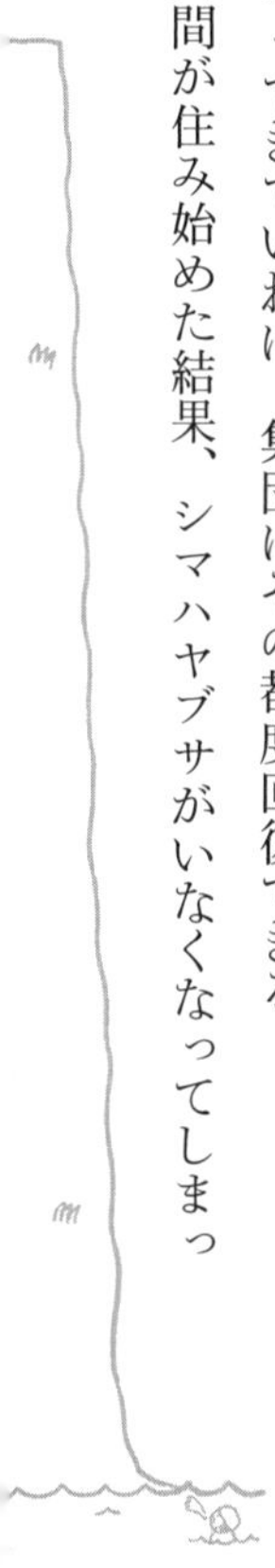

た。これはこの鳥にとって生息地面積の90%が消失したことを意味している。そこからの個体の流入がなくなることで、南硫黄島だけでは集団を維持することができなくなったのだと考えれば納得がいく。

南硫黄島は人間の影響が小さく、原生の状態が保たれた島だと述べてきた。しかし、この鳥のことを考えると必ずしもそうではないかもしれない。

この島では、生態系の頂点に立っていた猛禽類が、人間の影響によって絶滅してしまったのだ。たとえ、人間が直接的に南硫黄島を撹乱《かくらん》したわけではなくともだ。

最近の研究では、「恐怖」は動物の行動に大きな影響を及ぼすと考えられている。この場合の恐怖とは、捕食者に対する恐怖だ。たとえ主食が海鳥だったとしても、シマハヤブサは他の鳥やオオコウモリも食物のメニューに加えていただろう。そうだとしたら、獲物となる鳥やコウモリは、捕食されないような行動をとっていたはずだ。

たとえば、開けた場所などの目立つところでは採食や移動を控えるということが考えられる。もしそうなら、そういう場所では鳥やコウモリによって昆虫や果実が食べられにくくなる。このような状況が続くと、種子散布がされなくなったり、昆虫が増えたりするかもしれない。

海鳥にも影響はあるだろう。目立つ場所で営巣していると捕食されやすくなるため、目立たない場所を選んで巣を作るはずだ。結果的に、海鳥が生態系に影響を及ぼす範囲が偏ることになる。

だが、捕食者の絶滅でその恐怖がなくなれば、彼らはどこにでも自由に移動できる。島の中での鳥やコウモリの密度の偏りが少なくなり、島全体が均質化するかもしれない。

南硫黄島は小さな島であり、それゆえに生物の種数が少ない。こういう場所では、一種が担っている役割が相対的に大きくなる。その一種が絶滅すると、影響が広い範囲に伝わりやすいのである。

さて、せっかくの不思議候補だったが、原因が説明できて不思議でなくなってしまった。とはいえ、実は他の六不思議についてはまだ中身を考えていなかったので、そんなに困らないからよしとしよう。

☞悲劇は一度で済ませたい

シマハヤブサはもうすでに絶滅してしまったのだから、どうしようもない。

しかし、同じ憂き目に合いそうな鳥がもう一種いる。それは、オガサワラカワラヒワだ。

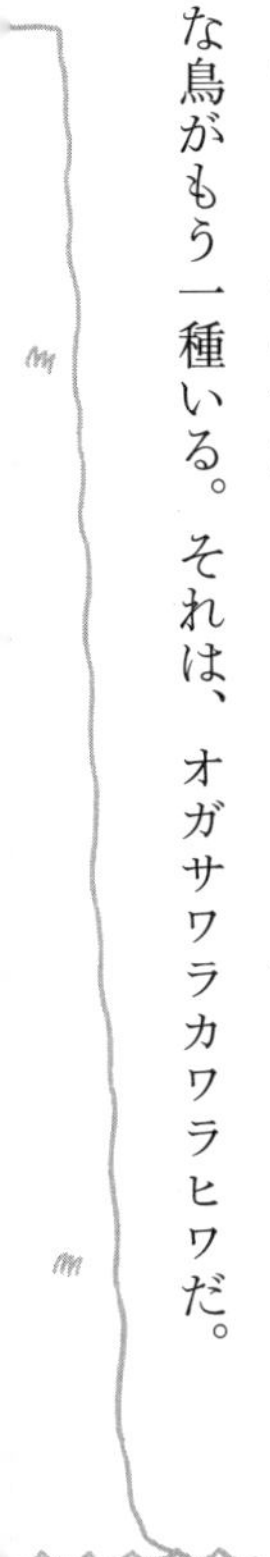

オガサワラカワラヒワは、１００年ほど前には小笠原諸島の全域に広く分布していた。しかし、外来種のクマネズミが侵入した島からはいなくなってしまい、現在は母島列島の属島と、南硫黄島でしか繁殖していない。クマネズミは木登りが上手であるため、陸鳥の巣を樹上で捕食する。これが各島で絶滅した原因と考えられる。

火山列島だけで考えると、この鳥は北硫黄島と硫黄島で絶滅し、南硫黄島だけにいることになる。これは、先に想定したシマハヤブサの絶滅プロセスと同じなのだ。

南硫黄島のオガサワラカワラヒワは、標高３００m以下の低地にしかいない。このため、繁殖個体数は１００個体程度ではないかと考えられている。一つの集団を維持するにはあまりにも少ない数だ。

おそらくこの鳥も、硫黄島や北硫黄島と個体が交流することで、火山列島全体として集団を維持してきたのだろう。そして、その中心となっていたのはやはり面積の広い硫黄島だったと考えるのが合理的だ。

オガサワラカワラヒワは小鳥なので、一つの島に棲める数は頂点捕食者であるシマハヤブサよりも多い。このため、この鳥はまだ絶滅せずに済んでいる。しかし、いつ絶滅してもおかしくない状況にあるのだ。

この鳥は母島属島にも生き残っている。しかし、こちらの集団も風前の灯だ。実は母島属島にはクマネズミはいないが、ドブネズミがいる。ドブネズミはクマネズミほど木登りが得意ではないが、それでも木に登って巣を襲うことがある。

このため母島属島のオガサワラカワラヒワは過去25年の間に個体数が10分の1以下に減少し、こちらも最近は繁殖個体数が１００個体程度しかいないと考えられている。

この鳥は世界で小笠原諸島にしかいない鳥だ。そして、日本で最も絶滅に近い鳥であるとも言える。

オガサワラカワラヒワは、日本で最も人為的な撹乱の少ない南硫黄島にいながら、人間の影響により絶滅の危機に瀕している。太平洋の小さな島で、そんな皮肉なことが起こっていることを覚えておいてほしい。

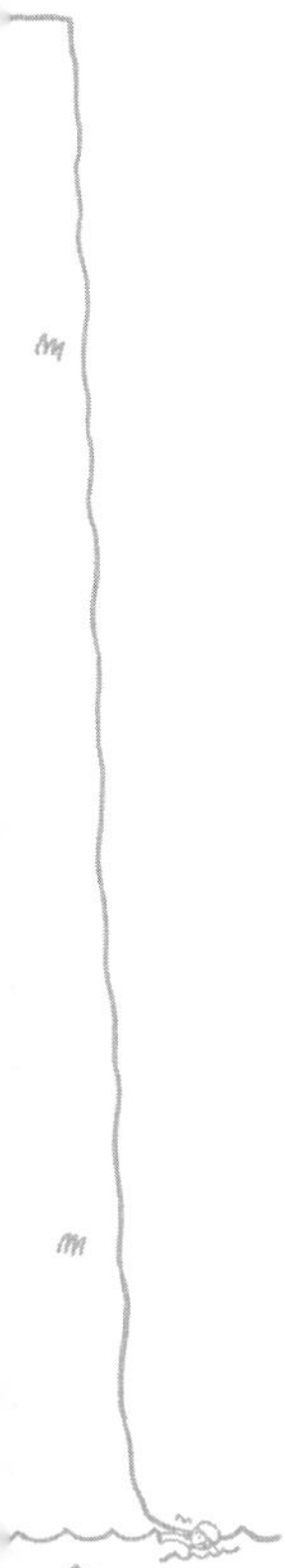

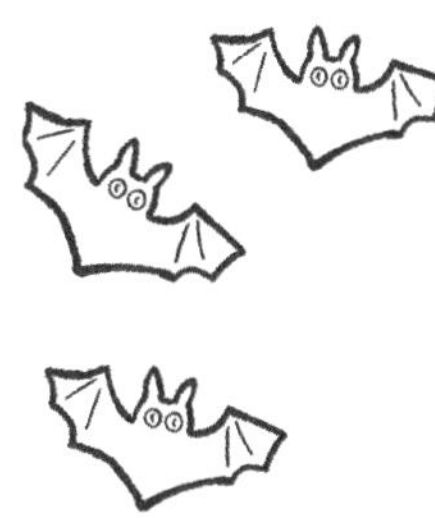

第3部 灼熱・宴もタケナワ編

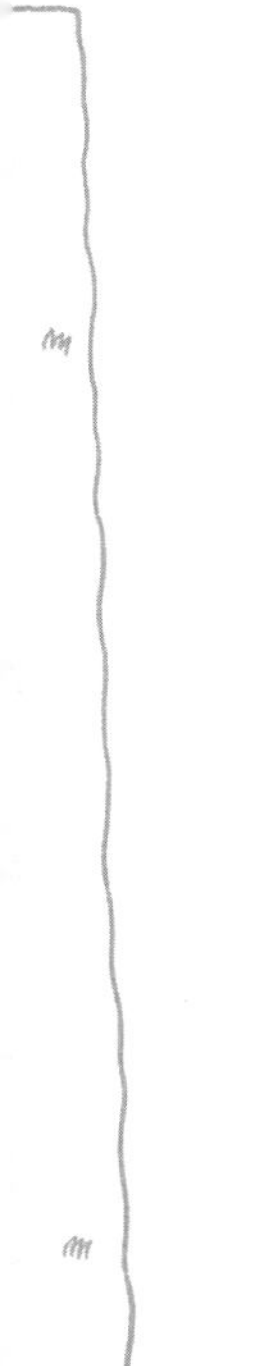

［18］再会、南硫黄島

２０１７年6月、私たちは10年ぶりに南硫黄島に上陸した。

10年というのは、長いようで短いようで、やはり短いようで長い。この調査のために新調した登山靴の裏に、10年前に初めてこの島の玉石の浜に足を踏み入れた感覚がよみがえる。海岸にそびえ立つ断崖絶壁は健在で、相変わらずの落石が調査隊を歓迎してくる。灼熱のこの島で、長くも短い２週間の調査が再び始まるのだ。

☞三つの目的とダイタイワカッタ

私は10年前の調査では下っ端隊員だった。下っ端は楽ちんである。難しいことは上っ端が考えてくれるので、それに従えばよい。あとは自分のことだけ考えて好き勝手に調査をしていればいいのだ。

10年分の歳をとった私には、研究コーディネーターという役職が与えられた。要するに、研究グループの取りまとめ役である。

調査隊に参加する研究者たちは、みんなその道の第一人者である。これを現代語に直訳すると、自分のやりたいことを好き勝手にやるワガママ連中だということだ。ほっとくと、みんなバラバラに好きなことだけ調査し始める。

もちろん、許されるなら私もそうしたい。

しかしこの調査は、前回に引き続き東京都が中心となり、首都大学東京と日本放送協会が連携して結成した正式な自然環境調査隊である。いやはや、いつも研究調査にご理解をいただき本当に感謝しています。

ポケットマネーなら好きなようにやればよい。しかし、税金が投入される以上は、そういうわけにはない。目的を明らかにし、それを満たすための調査をしなくてはならない。その枠組みを作るのが私の任務だ。

前回調査は、南硫黄島の生物相を把握するための基礎的な調査だった。今回は、次のステップに進まなくてはならない。

そこで設定したテーマは次の三つだ。

一、外来生物の侵入状況を明らかにすること。

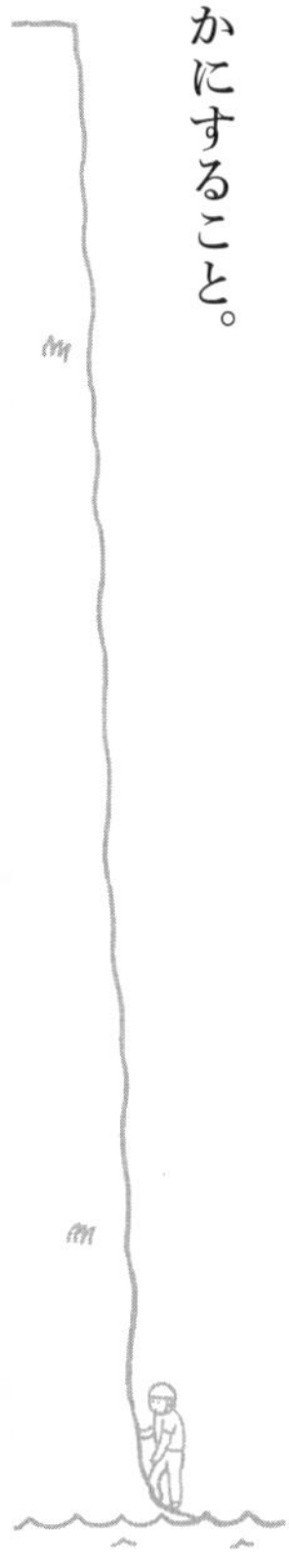

二、前回調査からの変化を明らかにすること。
三、新技術であるドローンを用いて新たな地平を切り開くこと。

これに従い、研究者たちは調査隊としてまとまりのある調査結果を積み上げていく。その一方で、彼らはほっといても己の本能に従って個人プレー的研究を進めていく。そこからは、テーマの枠におさまらない新発見も期待できる。この両面で研究成果を最大化させようという寸法である。

また、前回調査の項目に加えて、甲殻類、土壌動物、地衣類、蘚苔類、菌類の調査も実施することとなった。これらについては基礎的な調査を行うことで新知見が得られるだろう。

さて、研究の取りまとめ役はめんどくさい。できれば引き受けたくはないものだ。にもかかわらず私がこの役割を引き受けたのには理由がある。

それは、前回調査によって、この島の鳥のことがだいたいわかってしまったからだ。

鳥は植物や菌類、節足動物などに比べてはるかに種数が少ない。しかも、陸産貝類や節足動物などに比べて体が大きいし、移動能力が高く、遠くまで聞こえる鳴き声が自慢だ。要するに、鳥は種数が少ない上に目立って発見しやすいため、見つけるべきものはすでに見つかってしまっているのだ。

このため、他の生物たちに比べると新発見的なものはあまり期待できない。おそらく今回の調査では、過去の記録通りに鳥たちがいることを確認するのが主な成果となるだろう。もちろん、それはそれでとても大切なことである。だが、いわゆる「新発見！」がないと私の存在意義が薄れてしまう。

このことに誰かが気づいたらどうなる？「カワカミの調査はもういらないんじゃないですか？」とか思われたりするかもしれない。

そんなことにならないよう、自分の存在意義を強化しておかねばならない。私はこの島での鳥の研究を継続するためにも、下心満々で研究コーディネーターを引き受けたのである。

そして、この調査にはもう一つ裏テーマがあった。それは世代交代だ。

２００７年調査のメンバーはそろいもそろって10年分の歳をとった。さらに10年後の調査には参加できない隊員も多いだろう。次回につなげるため、若手の参入が求められた。昆虫のモリ、陸産貝類のワダ、海洋のアメダ、山岳サポートのヨドガワなどだ。

なお、鳥については10年後も私が行く気満々なので若手の参入はなかった。次回はぜひ誰かに来てもらいたいところだ。

☞新たな体制

前回の調査は、私たちが過去に経験したことのない大規模な無人島調査だった。しかも、それ以前に比べて外来種対策や安全確保が重視される時代になっていた。このため、調査隊の体制をつくり上げることは大きなチャレンジだった。

こうすればよいという教科書的な方法がなかったため、みんなで知恵を絞って手探りで準備を進めていったのだ。

それは大変なことではあったが、おかげでその後の見本となる体制ができあがった。あれから10年、さらにさまざまな調査経験を経て、今回は調査をより効率よく進めるための新体制が組まれた。それは海岸のベースキャンプを最小限に縮小し、船上をメイン基地とするものだ。

10年も経つというのに、南硫黄の海岸は以前と変わらず寝心地が悪く、危険で、暑くて暑くてたまらない。そんな非快適生活を支えるためには大量の物資を陸揚げしなくてはならない。

苦労をした上にストレスをためることは得策ではない。

そこで今回は、山岳サポート班を中心とした少数のみが海岸に幕営することとした。常駐する必要のない研究者は船で寝泊まりして、消耗を回避しようという作戦である。隊員は毎日船から南硫黄島に出勤するのだ。都心では片道2時間かけて通勤する人だっているのだから、目の前の島に通うことはそれほど不合理なことではあるまい。

もちろんそのためには毎回泳いで上陸しなくてはならないので、その点ではリスクが生じる。しかし、優秀な海洋サポート班がいることで、そのリスクは軽減できる。この体制をとることで調査隊は体力を温存できる。体力が温存できればより集中して調査が進められ、成果も期待できるはずだ。

さらに今回は、調査船に医師サトウが常駐することになった。海洋サポート班には、前回も参加したベテランのテツヤと次世代を担う若手のタクミがいる。この島では熱中症や落石による怪我など、さまざまなリスクが存在する。

医師がいない状況で病気や怪我が発生すれば、調査隊は撤収しなくてはならない。なぜならば、私たちにはそれぞれの怪我や病気の重大さが判断できないからである。しかし、医師がいればその判断と現場での対処が可能となる。結果的にサトウが活躍することはなかったが、彼のバックアップのおかげで私たちは安心して調査に打ち込むことができた。

☞快適生活の落とし穴

本州を出発した調査船第三開洋丸は父島の二見湾に入港した。

私たちは小笠原諸島の父島からこの船に乗り、南硫黄島に向かった。もちろん前回同様に万全の検疫作業を済ませてある。

検疫によって積み残されたモノが二つある。それは前回の調査隊長をつとめたカトウと、昆虫担当のカルベである。「物」ではなく、「者」である。

彼らは出港直前に体調を崩してしまったのだ。

体力が必要とされるこの調査に、体調が万全でない者を連れていくことは危険である。もちろんこの判断は何よりも本人のためだが、調査隊全体のためでもある。狭い調査船内で病気が流行すると大変なことになる。万が一にも船員が病気になると船の安全な航行に支障をきたす。このため彼らは父島の宿に隔離され、見送りすることすら許されなかった。

調査隊は前回同様に前半の一次隊と後半の二次隊に分かれている。置いてけぼりの二人も、猛スピードで体調を整えて二次隊で追いついてくるだろう。

かわいそうなのはホサカだ。彼は菌類担当として調査に参加する予定で父島まで来ていた。しかし、調査期間中に海が荒れるという天気予報が出ており、予定通りに帰ってくることができなくなる可能性が生じた。ホサカは出張期間を延長することができず、乗船を辞退する決断を下した。

2週間の調査をするためには、2週間の日程を確保すれば済むというわけではない。準備や片付けの期間に加え、悪天候による出発延期や帰着の遅れなども考慮して、1ヶ月ほどの余裕が必要となる。

調査隊員は大学や博物館、研究所などに所属する職業研究者だ。大の大人たちがそれだけの期間を確保するのは容易ではない。このため、その場の状況に合わせて柔軟に人員を配置しなくてはならない。

これらの事情により一次隊において生じた空席には、二次隊の予定だったタカヤマとモリが乗り込む。野外調査では突然の変更が生じることも想定内だ。

午前8時半に乗り込み、10時に出港する。南硫黄島に到着するのは翌日の早朝だ。それまでは船の中でのんびりと過ごす。

調査船にはたくさんの小部屋がある。私が入った2段ベッドの部屋には小さな机もあり、それなりに快適な生活ができる。船内には広い研究室もあり、ここがミーティングルームとなる。飲み物やおやつも完備され、リラックスしたひと時を提供してくれる。

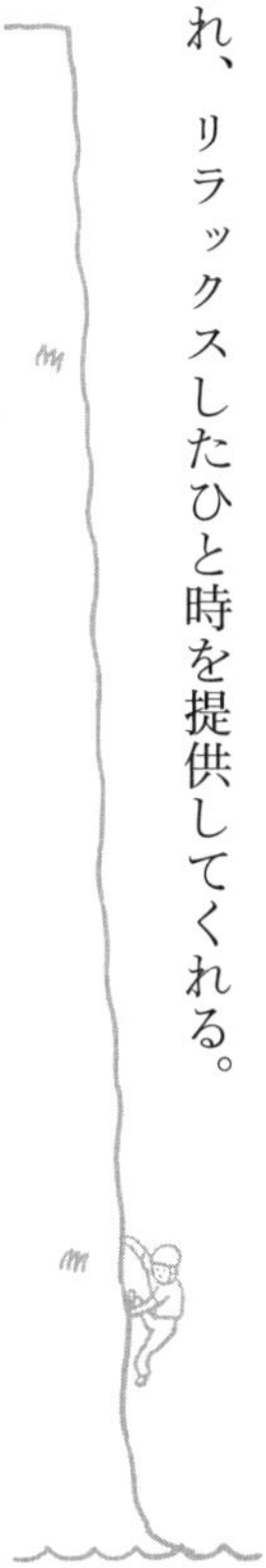

研究室兼ミーティングルーム

こういう場所ではコーヒーや紅茶、緑茶や烏龍茶などが持ち込まれることが多い。しかし、私はカフェインに滅法弱く、飲んだら夜に眠れなくなってしまう。寝不足での調査なんて危険極まりない。そんな私のためには、ちゃんとノンカフェインのハト麦茶が用意されている。事務局の人、よくわかってらっしゃる。

机の上を見ると、どんぶり一杯分ほどのアネロン・ニスキャップが山盛りに置かれている。酔い止め薬だ。この山は日に日に小さくなっていき、多くの隊員が命を救われた。

洗濯機や乾燥機もあり、もちろんお風呂もある。お風呂は体の芯から温まる海水風呂だ。ただし、風呂に入る時にはヒーターを切っておかないと感電すると注意書きがある。

くわばら、くわばら。

食堂では毎日美味しい食事が用意され、船内は常に冷房が効いている。実に快適だ。しかし、この体制には致命的な誤算があった。まずい、快適すぎる。船内から出たくない。海岸でのキャンプ生活は快適さとは無縁なので、なんの抵抗もなくテントを出て調査に入れる。しかし、船内での快適生活は、暑苦しい野外調査との間にあまりにも落差がある。この快適ギャップが、調査に踏み出すのに思わぬハードルとなってしまうのだ。

6月14日午前5時、薄明るい水平線に南硫黄島が出現する。

船から出たくない病を心の片隅に抱えながら、10年ぶりのその威容に圧倒される。泣こうがわめこうが、調査の火蓋が切って落とされた。

☞ はじまりはじまり

さて、ここで一つお詫びを申し上げなければならない。ちょっとドラマチックになるかなぁと思って、私は嘘をついてしまった。実はこの調査は10年ぶりの上陸ではなく、1年ぶりだった。

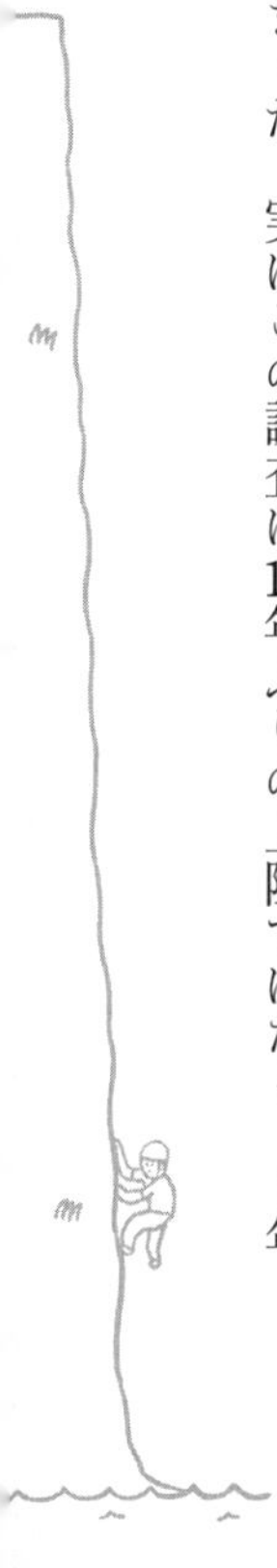

１年前の２０１６年に、予備調査のため9年ぶりで上陸してしまったのだ。若干中途半端なタイミングでの再上陸だったため、ここまで告白できなくてごめんなさい。

南硫黄島での調査は10年に１度としている。

調査をすればそれだけ自然に影響を与えてしまうことはすでに述べた通りだ。高頻度で調査をすることは、島の生態系の保全を考えると好ましいことではない。

一方で、この島の自然にはまだまだわかっていないことがあるし、その変化をモニタリングする必要もある。また、あまり間が空いてしまうと、この島での調査経験がある隊員の参加が難しくなる。過去の状況を知っている人間が調査することは、モニタリングをする上でとても有益なのだ。

これらのバランスをとった結果が、10年という間隔である。

しかし、この調査は失敗の許されない大切な調査だ。10年の間に崖崩れでも起こって上陸地点や幕営地点が埋まっているかもしれないし、不安定な登攀《とうはん》ルートが崩れ落ちていてもおかしくない。いきなり本番の調査に来てそんなことが起こっていたら、目も当てられない。そんなリスクを減らすためには、予備調査が不可欠である。

予備調査では一部の隊員が短時間上陸し、海岸の状況をチェックした。幸いにも大きく地形が変わっている場所はなく、安全に調査を実施できそうだった。ついでに海岸沿いの鳥類も軽く調査しておく。これで、本調査では山上に集中できるだろう。

1年前という思いのほか色あせていない思い出を胸に、いよいよ２０１７年の調査である。調査隊本隊としては10年ぶりの、個人的には1年ぶりの上陸に胸が中途半端に高鳴る。

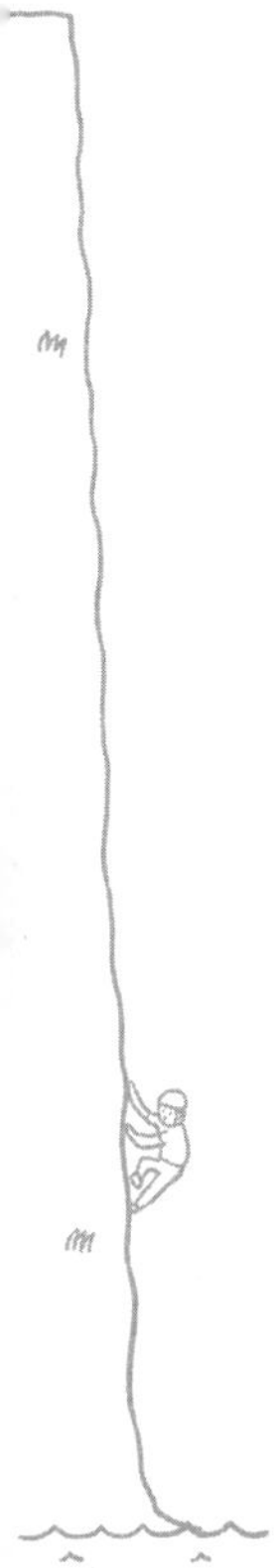

［19］ここはいつか来た海岸

☜いつも通りのはじまり

10年の歳月は、前回の登攀ルートを跡形もなく消し去った。このため今回もまずは山岳サポート班が山頂までのルートを切り拓く。

我々はその間に海岸沿いの調査に勤《いそ》しむ。これも前回と同じだ。

予想通り、船上の快適生活で私の心は腑抜けている。冷房の効いた船内でのんびりしたいという欲求に後ろ髪をひかれつつも、自らを鼓舞してウェットスーツに着替える。となりで着替えている陸産貝類担当のチバは、ウェットスーツの裏表を間違えている。これも前回と同じである。いや、今回は前後を間違えていないだけ成長している。

天気予報は数日後の天候悪化を予想している。低気圧が島の近くを通過しそうなのだ。そうなると調査は中断を余儀なくされるため、予定をくり上げて作業を進めなくてはならない。

母船からゴムボートに乗り換えて島に近づき、海に飛び込んで泳いで上陸する。前回の南硫黄島調査で採用したこのスタイルは、その後に北硫黄島や西之島などの調査でも採用されてきた。そのおかげで調査隊員にとっても慣れた手順となっている。特に大きなトラブルもなく、調査が開始された。

最初の仕事は録音機の回収だ。

1年前の予備調査の時に、島の南部の海岸沿いに5台の録音機を設置してきた。これを解析すれば、1年を通してこの地域にどんな鳥がいるのかを明らかにできる。

録音機は全て回収できたが、登攀ルートの入口にかけておいた装置は落石により大破していた。登攀ルートは崩落地なので、これは致し方ない。調査隊員が落石で大破すると大問題なので、とりあえず録音機で済んでよかっ

出勤風景

た。

とはいえ、海岸沿いでは特に大きな崖崩れもなく環境の変化は少ない。人間にとって10年は長いが、長い島の歴史を考えると一瞬のことなのかもしれない。

☜海鳥リビングデッド

海岸部で調査をしていると、あちこちで鳥の死体が見つかる。海岸で死んだものもあれば、海上で息絶えて打ち上げられるものもある。

死体は研究上有用である。

南硫黄島のように滅多に行けない場所では、少しでも多くの情報を得たい。10年間で2週間程度しかない調査期間では、いくら努力をしても情報不足は否めない。ここに落ちている死体は、その不足を補完してくれる情報源となる。

このため、私は調査地で積極的に死体を探す。

海岸にはゴイサギやタカブシギ、ウミネコなどの死体が落ちていた。これらは南硫黄島で繁殖している鳥ではなく、いずれも季節的に小笠原にやってくる渡り鳥だ。秋冬にはこの島も彼らの越冬地や中継地になっているのだろう。

ウミネコの死体をとりあげると、中から蛾《が》の幼虫と成虫が湧き出してきた。死肉食の昆虫たちだ。続いて、クモが這い出てくる。こちらはおそらく蛾を捕食するため死体の中に潜んでいるのだ。

どうやら死体が好きなのは私だけじゃないらしい。一羽の鳥が死ねば、そこに死体を資源とした新たな世界ができあがるのだ。

小さな生態系を微笑ましく思いながら死体を探していると、視界の端で違和感センサーが作動する。死体という自然物の中に人工的な輝きがあるのだ。この大海にたたずむ無人島の浜辺で、金属足環付きのカツオドリの死体が私に発見されるのを待っていたのだ。

この足環は環境省が鳥類の標識調査のために使用しているもので、それぞれに固有の番号が刻まれている。私も10年前にこの島の海鳥に多くの足環をつけた。しかし、カツオドリにはつけていない。つまりこの鳥は他島からやってきたことを物語っている。

小笠原では、父島列島の南島でカツオドリへの足環装着調査が行われている。おそらくこの個体も南島から来たものに違いない。この島は海の中に孤立しているように見えるが、海鳥によって他の島と繋がっているのだ。

調査から帰還した後に足環の番号を調べたところ、やはり南島から来た個体だった。奇《く》

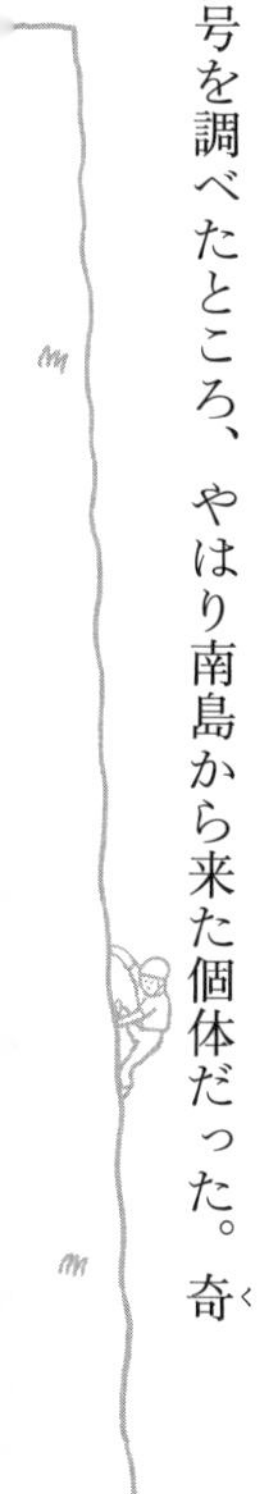

しくも装着は、前回の南硫黄島調査直後の2007年8月である。しかも、その足環を装着したのは前回調査に参加していたハヤトだった。

南島から南硫黄島までの距離は約300㎞だ。時速60㎞で飛べば5時間、マッハ1なら15分、光速なら0・001秒で着く。

人間にとっては滅多に来られないこの島も、海鳥にとっては難なく移動できるご近所の範囲だと考えられる。

☞招かれざる新参者

海岸を調査していると、シンクリノイガとオオバナノセンダングサが目につく。

シンクリノイガは、直径5㎜ほどの小さなイガグリのような果実をつけるイネ科の草である。オオバナノセンダングサは、本州の空き地でもよく見られるキク科の雑草だ。

この2種の共通点は、いずれも外来植物ということにある。

シンクリノイガは2007年の調査で初めて見つかった。その時は島の一部では群生していたものの、それほど高密度という印象はなかった。しかし、今回の調査ではさまざまな場所で目立った。着実に増加しているようだ。

一方で、オオバナノセンダングサは２００７年の調査では見つかっていない。こちらはその後の10年の間に侵入したものと考えられる。

両者にはもう一つ共通点がある。それは、果実にトゲがあって服にくっつくことだ。とはいえ、トゲは人間の服と共に進化してきたわけではない。野生動物に付着することこそ、このトゲの本来の役目である。そして小笠原におけるその野生動物とは、カツオドリを代表とする海鳥だ。

この島には人間は滅多に来ない。ただし、海鳥は日常的に島を出入りしている。おそらく外来植物は海鳥によって持ち込まれたのだろう。

海岸で見つけた足環付きのカツオドリは南島由来だった。南島には多くの外来植物が侵入しており、シンクリノイガもオオバナノセンダングサも生えている。ここにはカツオドリだけでなくオナガミズナギドリやアナドリも繁殖している。いずれも南硫黄島にもいる海鳥だ。

外来植物は他にも多数の島に侵入しているので、南島が起源とは限らない。しかし、海鳥が南硫黄島までの運び屋となっていることは疑いようがない。

最近は小笠原の無人島において、ノヤギやネズミなど外来生物の根絶事業が進んでいる。そのおかげで、外来哺乳類の影響で減少していた海鳥の個体数が増加しつつある。個体数が増えれば移動も増える。自然再生による海鳥の増加という本来は喜ばしいことが、この南硫黄島では外来植物の侵入リスクを増やしてしまったのだ。

海鳥の島であることが南硫黄島の大きな価値であることを考えると、実に皮肉な結果だ。これを解決するためには、南硫黄島以外の海鳥がたくさんいる島において外来植物をしっかりと管理するほかない。

南硫黄島の自然を守るためには、この島自体を厳重に管理することが必須である。それは当たり前のことだし、それだけでよいと思っていた。しかし、どうやら楽観的だったようだ。この島を守るためには、小笠原諸島全体での外来生物の管理が不可欠なのだ。

また10年後にこの島に来た時に、新たな外来植物を見つけないで済むよう、対策を進めていかなくてはならない。

☞文明世界の端っこで

「犯人は、この中にいるはずだ！」

山岳サポート班によるルート工作の完了を待っている間に、事件は起こった。なんと、船内のハト麦茶が早々に絶滅したのだ！

カフェインの入っていないハト麦茶は、繊細でカフェインに弱い私にとって唯一の希望である。そのカフェインレス飲料が調査期間の最初の数日で姿を消したのだ。

「あ、手前にあったから飲んじゃった」

「あ、俺も」

「あ、俺も」

なんと、カフェインフル飲料を無頓着に飲める連中が、適当に目についたペットボトルを飲んだ結果、ハト麦茶が尽きてしまったのだ。

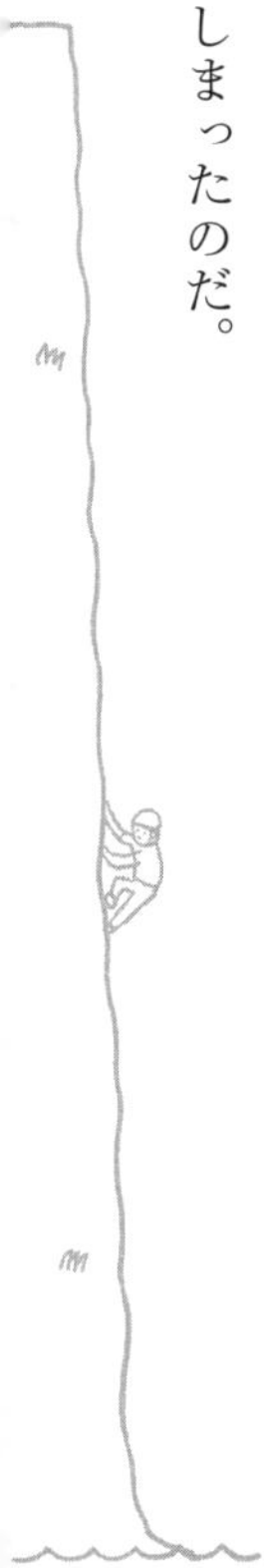

何てことをしてくれたのだ！　恐竜並みに鈍感なお前らはカフェイン満タンの緑茶でも飲んでいればよかろう！　私は他に水しか飲めないのだぞ！

私は連中にコンコンと説教をしたが、なにぶん鈍感な奴らなので何も心に響いていない。せっかくの快適生活に水を差すとは全くけしからん連中だ。

しょうがないので、水の中にサクマドロップスを入れて砂糖水にして飲む。うん、これはこれで美味しい。まぁ快適な船内生活が送れるのだから、今回は我慢してやるか。

ひとしきり説教をして溜飲をさげ、外の空気を吸いに甲板に出る。休憩をしていた司《し》厨長《ちゅうちょう》が話しかけてきた。彼はこの船の食堂を司《つかさど》る偉い人だ。

「ステーキがあるんだよ。でも、32枚しかないんだ。船には最大で35人いるから、誰かが調査に行っている時に焼こうなぁ」

秘密情報をありがとうございます。みんなには、黙っておきますね。

上のデッキに上がって改めて甲板から海を眺める。目の前の巨大な南硫黄島以外には水平線まで何もない。快適な船内にいると、文明社会の中に身を置いているような錯覚に陥る。しかし実際には、文明から切り離されて大海原のただ中に漂っている。

忙しく調査をしているとそんな当然のことをつい忘れてしまうが、不思議な気分だ。宇

豪華客船「ぱしふぃっくびぃなす」

宙ステーションで過ごしていると、こんな気分なのかもしれない。

そんな感慨にひたっていた時のことだ。

突然、南硫黄島の影から白く巨大な人工建造物がにゅぅっと姿を現した。

「なんじゃこりゃぁ?」

船上のあちこちから奇声が上がる。それは、豪華客船「ぱしふぃっくびぃなす」だった。

宇宙ステーションで宇宙人の奇襲を受けると、こんな気分なのかもしれない。豪華客船の上では、スーツ姿の紳士が上品に写真をとっている。スカートに麦わら帽子のお嬢さんが手を振っている。いやはや、なんたる違和感!

我々の調査のタイミングに合わせて、観光

船が周遊にやってきたのだ。

双眼鏡で客船の甲板を見ると、そこには知った顔がある。2007年調査でルート工作班として活躍したシマダが、豪華客船の上でにこにことガイドをしているではないか。

10年ぶりの調査という貴重な機会に浴したのは光栄だが、あっち側もなんだか羨ましいぞ。

☞ **後は仕上げをご覧《ろう》じろ**

そうこうするうちに山岳サポート班による調査準備が終わり、頂上までのルートが拓かれた。低気圧の通過により雨が降り始める。一時的に海岸キャンプチームを収容し、船を沖に出して避難する。

今回の山岳サポート班には、前回に引き続き参加したアマノとシュミヤとともに、マツモトとヨドガワが新たに参加してくれた。これに、父島在住のカネコとダイロウ、ユウスケが加わる。みな屈強な男たちだ。

マツモトは富士山などで山岳ガイドとして活躍する生粋《きっすい》の登山家だ。

「いや、そんなことないですよ。最初はスノボで滑り降りるために山に登ってただけです」

「なんだよ、山登るのはついでかよー」

「それよりさぁ、ヨドガワが元気すぎだよね」

「山頂でダイロウが『疲れろよ！』って叫んでたよな」

ヨドガワは最若手の登山家だ。我々が登るルートを作るため山頂までナタをふるい続けたが、それでもなお疲れを見せなかったようだ。

しかし、ヨドガワの姿が見えない。

「あ、あいつ、ウェットスーツ脱ぎながらもう船酔いしてましたよ」

山上では無敵のヨドガワに対し、天は二物を与えなかった。そういえば虚《うつ》ろな目をしてアネロンを貪っておったわ。

いずれにせよ、数日間をともに山上で過ごした山岳サポート班はすっかり仲良しになっている。最大の任務であるルート工作も終わり、少し緊張がほどけているのだろう。おしゃべりをしている間にミーティングルームに隊員が集まり、今後の予定についての話し合いが始まる。

「2日くらい調査が遅れるかもしれませんね」

「そうなると一次隊の帰りが少し遅れますよ」

一次隊は前半の調査が終わったら離脱して父島に戻る。本州から来た隊員は、その後に

定期船おがさわら丸で本州に戻る予定だ。ただし、おがさわら丸は6日に1便しかない。

「じゃぁ、チバとタカヤマは内地への帰りが1便遅れる可能性が出てきますね」

「あ、まずい。クビになるかも。南硫黄に来るって職場でちゃんと言ってないんだよね」

チバがまずそうな顔をしている。

「登頂は諦めて早めに父島に戻るって方法もありますよ」

「いやだ。山頂を踏むまで帰りません」

タカヤマも頷いている。

なにしろ10年も待った調査だ。そう簡単に諦めるわけにはいかない。いよいよ目前に迫る本格調査に向けて覚悟が改まる。

今のうちに船上でしっかりと休息をとっておこう。そして、気分を盛り上げるため髭《ひげ》を剃《そ》るのをやめよう。船内には髭剃りを持ってきているし、それを使える快適な生活をしている。しかし、髭を伸ばし放題にしていた方がなんだか冒険的な雰囲気が出る。

この雨がやめば、いよいよ本格的な山上調査だ。演出は大切なのだ。

［20］再び、コルへ

☞ **僕らは登るが、カニは落とす**

登攀ルートの上方から、白煙を立てながらひと抱えほどの岩が落ちてくる。

周囲の岩にぶつかりながら落ちてくるので、その軌道は容易には予測できない。いよいよ岩が目前に迫ると、ようやく落下ルートが読める。

こっちだ！

予測された岩の軌道と逆方向に体をひるがえす。

ビィーーン！

おっ、腰につけたロープのせいで、思うほど逃げられないぞ！

腰につけたハーネスとルート沿いに設置されたフィックスロープは、命綱となるセルフビレイロープで繋いである。この短いセルフビレイのおかげで、ルートからあまり離れられないのだった。

からくも岩が足先をかすめて下方に転がっていく。

ふぅっ。

10年ぶりに登る崩落地を懐かしんでいる余裕はなさそうだ。登攀ルートは相変わらず油断ならない。

前回調査で登った時、私は34歳だった。44歳になり体力は当時よりも落ちているはずなので、今回の登山はしんどいものになると覚悟していた。しかし、思ったほど辛くはない。おそらく人間は、未知の経験に対して大きく消耗するのだろう。先行きが予測できないことが負担になるのだ。

一方で、一度でも経験があれば強みになる。たとえ厳しいルートでもその厳しさを予想できるし、いつ終わるかもわかっている。自分に合わせたペース配分ができて消耗が抑えられる。経験は安全に直結するのだ。ついでに、飲み水の中にリポビタンDとアミノバイタルを投入しておいたのも功を奏したに違いない。

カトウが10年前の調査を予備調査と位置づけた意味を噛みしめながら、落石の落ち着いた崩落地を再び登り始める。

そもそもこの登攀ルートは谷の中なので落石が起こるのは当たり前だ。岩は斜面上の不安定な土砂の上に必死にとどまっている。人が歩けば土砂がゆるんで、岩もバランスが保てなくなる。いかにも落ちそうな岩石は、ルート工作時に山岳サポート班が落としておいてくれていた。だが、砂の下からは次々に不安定な石が出現するため、油断はできない。神経を使いながら足場の悪い崩落地を制し、小さな低木林の下で小休止をとる。先行していたテツロウがなんだか言い訳をしている。

「いや、あの落石は僕のせいじゃないんです。あれはカニのせいなんです。確かに岩の下でカニが砂を掘っていたんですよ」

あ、あれはテツロウが落としたんだ。

口には出さないが、みんなそう思った。

☜ こんなコル、知らない

谷の中を登りつめていくと上方から話し声がする。先にコルに到着した隊員たちだ。ザラザラと崩れる急斜面を踏みしめながら、その声に導かれつつロープを伝ってコルに到達する。

尾根の上からは周囲が一望できる。

「眺めがいいいっすねー！」

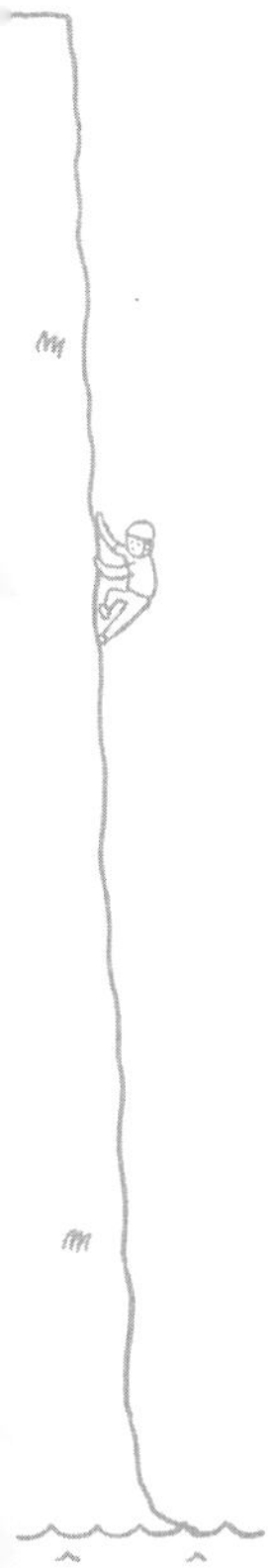

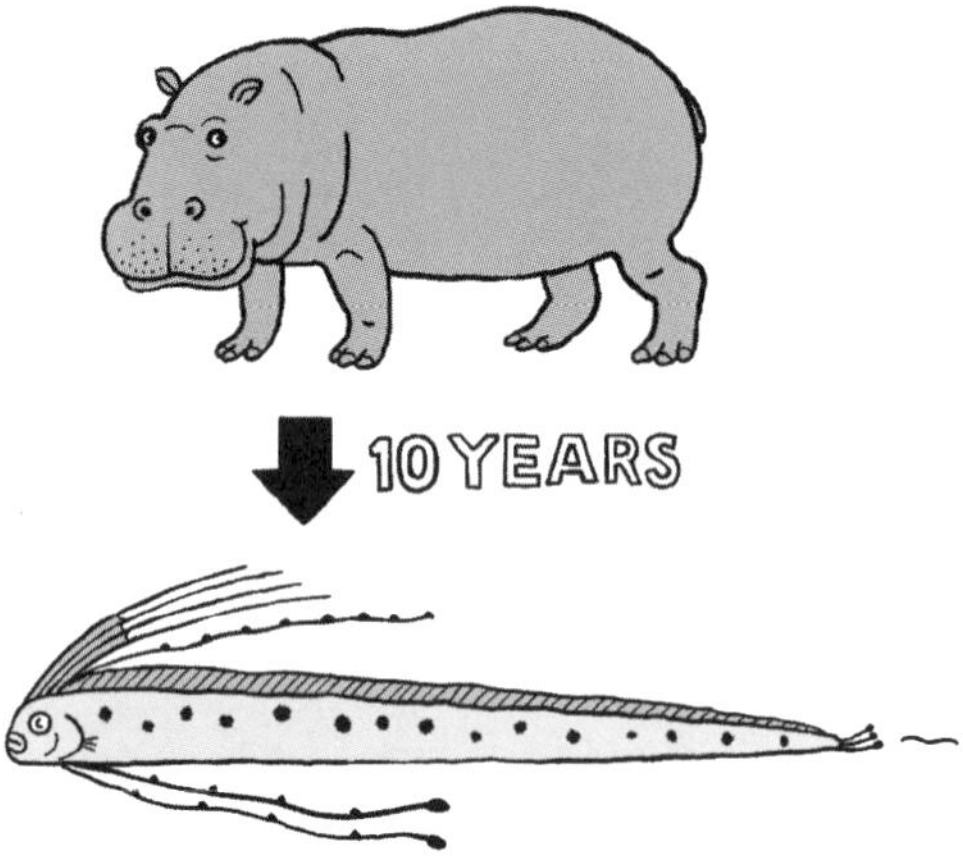

あれ？　コルってそんなに眺めよかったっけ？　前はもうちょっと鬱蒼としていたよな。記憶の中のコルは低木林に覆われており、日陰で休息をとったことを覚えている。しかし、その低木林が跡形もなく消えている。

改めて振り返ると、私が登りつめた斜面の崩落地はまだ新しそうだ。そして、尾根の反対側の斜面にも新しい崩落地が広がっている。

10年前にはコルはカバの背中の上のような地形をしていた。登攀ルートの斜面は急峻だったが、尾根上は狭いながらも平らな場所があったのだ。しかし、今のコルの地形はリュウグウノツカイの背中の上のようだ。同じ脊椎動物でも随分な違いだ。平らな場所が削ぎ落とされ、尾根上はまるで平均台のようになっている。

「いやぁ、崩れてますね」

「うん、崩れてるね」

「まさか、僕らがいる間にこれ以上崩れないですよね」

「そんなわけないよね」

根拠のない慰めを口にしながら小休止する。警戒を怠ってはいけないが、時には希望的観測をしないとこんな島で調査なんてやっていられない。

登りで疲れた体をほぐしながら昼食を終えると、みんな早々に調査を開始する。

私はまずは尾根上で比較的安定していそうな場所をさがす。そこに録音機を設置するのだ。この録音機は私が去った後も黙々と島の声を録音してくれる。録音時間を1日に10分程度に抑えておけば、1年以上はバッテリーが持つ。バッテリーが切れてもデータはＳＤカードに保存されている。10年後にこれを回収し、この島の1年を明らかにするのである。同じ録音機を山頂にも設置する予定だ。

とはいえ、たったの10年前でカバがリュウグウノツカイになるとは思ってもいなかった。どこがこの先10年のあいだ安定しているのかなんて全くわからないし、尾根上はどこが崩

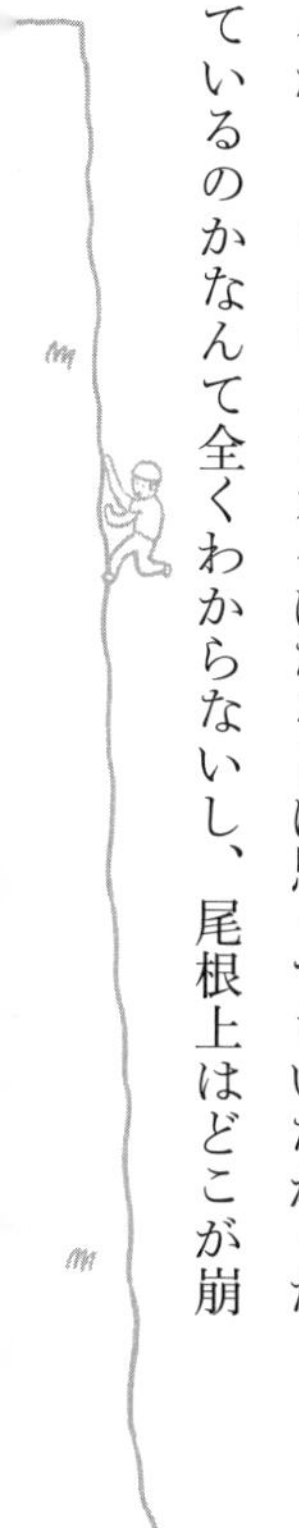

れてもおかしくなさそうだ。

設置場所を決めるため周辺で太い木を探す。細い木しかなければ、きっとそこは崩落を繰り返している場所だろう。太い木があれば、そこはこれまで長期間にわたって崩れなかった場所だ。

コルから尾根沿いに少し下ると大きな岩があり、その上に太い木が生えていた。この岩は南硫黄島開闢《かいびゃく》以来、今まで一度も落ちなかった縁起の良い岩だ。あと10年ぐらいはきっと頑張ってくれるに違いない。

木の幹に録音機を結わえつけ、目立つようにテープを巻いておく。このテープは紫外線で退色してボロボロになるかもしれないが、気休めは必要だ。気が休まるからな。

なんとなく御神木っぽい雰囲気だったので、一人柏手《かしわで》を打って願かけしながら設置を完了する。

☞ここは悪魔の膝小僧

荷物をコルに残して身軽になり、次の調査地を選ぶため尾根上を少し登る。50ｍも歩くと、10年前と変わらぬ常緑の林が広がる。

午後の調査地はここにしよう。

今回の調査では、調査範囲を未踏の場所へ広げていきたい。前回は山頂までのルート沿いを調査するので手一杯だった。今回は手はじめに横方向に広げてみることにした。

コルの北側には「悪魔の爪痕」と呼ばれる地形が広がっている。無論、これは私が勝手に名付けただけだ。身長１０００ｍある悪魔が引っ掻いたように、斜面に細い谷筋が何本も刻まれているのだ。どちらかというと悪魔ではなく、「巨人の爪痕」の方が正しいような気もするが、悪魔の方が雰囲気があってよい。

私たちはコルの近辺では尾根上のルート沿いしか調査していなかったため、尾根以外の状況を知らなかった。谷の中には尾根とは違う環境があり、新たな発見があるかもしれない。

ＧＰＳを頼りに尾根から離れて横に進んでいく。海鳥の巣を見つけては、周囲の環境とともにその位置を記録していく。谷の中は思いのほか歩きづらい。オオタニワタリやナンバンカラムシといった植物が密生しているのだ。ゴシャゴシャした藪《やぶ》の中には、海鳥の巣もあまり多くない。

それはそうだろう。海鳥たちの翼は長く、伸ばすと邪魔になる。こんな藪の中ではひっかかって動きづらいはずだ。

写真だとコルの厳しさが伝わらなくて残念

環境から察するに、ここはあまり安定していない場所のようだ。谷の中は何度も土砂崩れが起こっているのだ。崩れると明るくなり藪が茂る。だんだんと森林が発達するが、また崩れて藪ができる。怪我をしてはかさぶたができ、治りかけたところでまた怪我をする膝小僧のような場所なのだ。

コルの両側の崩落地はまだ崩れたてで、何も生えていなかった。あそこもいずれ藪に覆われていくのだろう。そして、また崩れるのだ。

残念ながら撹乱を繰り返している若い環境では、新たな発見はなかった。とはいえ、新たな発見がないということがわかることも、一つの発見だ。

ほどほどの満足感とともにコルに戻る。他

豪華な食事

の隊員たちも三々五々集まってくる。次のミッションは夜営の準備だ。明るいうちにツェルトを設置したい。

「本当にここに泊まるんっすかね？」

「しょうがないよね」

コルには平らな場所がある予定だったが、残念ながら今は尾根上にゆったりとツェルトを張れる場所がない。みなそれぞれに寝床を確保できる場所を探し始める。斜面の低木林の中にスペースを探してナタで切り開き、かろうじてツェルトを設置していく。

だが、私はそんな気分にならなかった。せっかく開けた場所ができているのだから、ここで寝れば気持ちよさそうではないか。みんなわかってないなぁ。

私はリュウグウノツカイの背中の上の平均台的スペースにシュラフマットを置き、ツェルトを立てることにした。開拓の必要もなく、らくちん、らくちん。

☜リュウグウノツカイの背の上で

ヨドガワが淀川亭を開店し、夕食を振舞ってくれる。えびピラフにしようか、それとも五目ごはんにしようか悩む。

「大将、えびピラフ一つお願い！」

ヨドガワがアルファ米にお湯を注いでくれる。お供のスープはフリーズドライのミネストローネだ。真空パックのささみもあり、孤島の山上にしては豪華な食事だ。

２０１１年の東日本大震災は痛ましい災害だった。この災害の教訓の一つとして、非常食の備蓄の大切さが広く知らしめられた。このため、最近は調査に携行しやすい食事のバリエーションが増えている。これは10年前の調査との大きな違いだ。

「〆のラーメンもありますよ！」

大将が声をかけてくれる。大鍋で作られたインスタントラーメンを一人前いただく。まだこの後に仕事があるので、昼間に消費したカロリーを補っておきたい。10年前には私がカフェを開いていたが、今回は出番がなさそうだ。

海に沈む夕日を見ながら、明日の工程を確認する。暑くなる前に山頂に至る予定だ。暗くなり始めると、みな休息のためにツェルトに入り始める。夜更かしをしてもライトの電池を無駄にするだけなので、早めに寝るに限る。しかし、今回も私には夜間調査がある。日が暮れると、海鳥たちがここに帰ってくるはずだ。

尾根の上で耳を澄ませていると、遠く海上からキュイキュイと鳴き声が聞こえてくる。ヘッドランプをつけ、ポケットの中の足環を確認する。だんだんと海鳥の声が大きくなってきたかと思うと、耳元でヒュゥーッという風切り音が聞こえ始める。周囲の地面にぼたぼたと海鳥たちが落ちてくる。

10年ぶりの饗宴が始まった。

落ちてきた海鳥を捕獲し、種類を確認し、足環をつける。足元が悪いのでバランスを崩さないよう気をつけなくてはならないが、次々に海鳥が飛びこんでくるのであまり移動する必要はない。

シロハラミズナギドリが多いのは前回と同じだ。しかし、前回はほぼ山頂付近でしか見つからなかったセグロミズナギドリとクロウミツバメが交じっている。

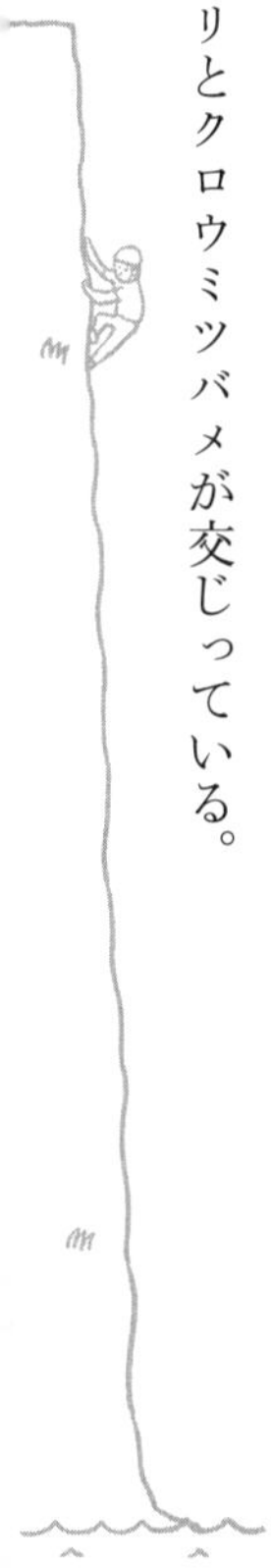

島内の分布が変わっているのかもしれない。鳥は周囲の生物相や環境の変化に合わせて分布を変化させることがある。

鳥は内温動物である。標高の違いによる多少の気温の変化は、鳥の行動に対して直接的に影響を及ぼしてはいないだろう。そして、海鳥は陸上で食物を採るわけではないので、標高によって植物や昆虫の分布が異なることも、彼らの繁殖場所に影響を与えるとは考えづらい。

まだ理由はわからないが、私たちが留守にしている間に何かあったのだろう。

10年前の調査で明らかにすることができたのは、時間的にみると1点の状況のみである。それが南硫黄島の事実であることは間違いない。だが、あくまでもその瞬間の姿でしかない。今回の調査により点が線になり、この島の実像に近づくことができる。

調査を始める前には10年程度ではたいした変化はないと思っていた。いやはやなんとも見識不足である。現にコルの地形は見事に変わり、海鳥の分布も変わっている。

自分の浅はかさを反省しつつ認識を修正する。この島にとっての10年は、変化するに足る十分な時間だったのだ。鳥の調査も単なるモニタリングではなく、新たな発見があるかもしれない。調査が終わる前に先入観から解放されてよかった。

海鳥が雨のように降りしきる中、コル用に用意した足環の最後の一つをつけ終わる。まだまだ海鳥は飛来するが、そろそろ終わりにして体を休め、明日にそなえた方が良さそうだ。足元に落ちているミズナギドリを踏まないように気をつけながら、狭い尾根上に設置したツェルトの中に潜り込む。

むむむ、そういえばこの場所はリラックスできない場所だった。右に寝返りをうっても、左に寝返りをうっても、尾根から転がり落ちる。右門の虎、左門の狼とはこのことか。チャレンジングな場所を寝床に選んでしまった冒険心を今さらながら後悔する。私は棺の中のツタンカーメンのように、身動きできぬまま眠りについた。明日も目が覚めますように。

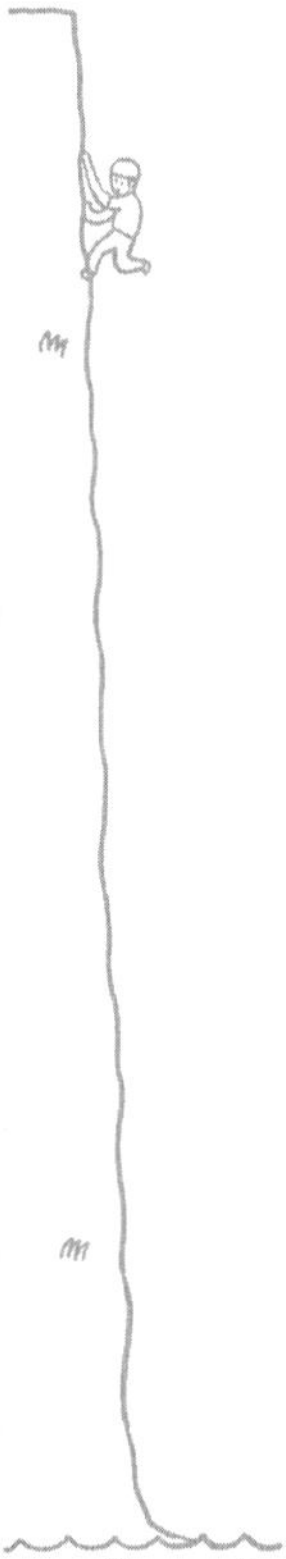

［21］山頂ではウミツバメの夢を見る

☞安定して不安定

翌日も無事に目が覚めたのは僥倖《ぎょうこう》と言えよう。

とはいえ、ツタンカーメンのせいで肩と腰が硬直していた。しかも、早朝に目覚ましをかけたつもりが、夜の12時に鳴って叩き起こされた。今回の調査のために新調したG－SHOCKの使い方が、今ひとつ理解できていない。新品も良し悪しである。

体の強張りと寝不足で若干テンションが低かったが、歩き始めたらすぐに体がほぐれる。コルから尾根づたいに登って森林地帯を抜けると、開放的な環境に出る。しかし、山頂へ向かう尾根道の風景は、記憶にあるものと少し異なっていた。

前に来た時は、草地と裸地が混じり合う歩きやすい場所だった。だが、今は腰の上まであるブッシュが広がっている。山岳サポート班がルートを開拓してくれたから歩けるものの、そうでなければ藪漕ぎで体力を消耗したことだろう。このルートを切り拓きながらも疲れを見せなかったというヨドガワに敬意を表しつつ、改めて前回調査の記憶と照合する。

うん、やはりここにはこんなブッシュはなかったはずだ。ということは、あの草地が育って今の環境に遷移したと考えるのが妥当だろう。つまり当時の環境は、植生変化の途上のかりそめの姿に過ぎず、恒常的なものではなかったのだ。

そういえば、前回調査の時にも似たような経験をしたことを思い出す。１９８２年調査隊の塚本さんは低木林の中を歩いて山頂まで登ったと言っていたではないか。前回調査でその環境が見られなかったことから、私はてっきりルートが違ったのか、塚本さんの記憶違いかと思い込んでいた。あの場所は確かこのあたりだ。今の様子を見てようやく彼が正しかったことがわかった。

おそらくここは35年前には本当に低木林だったのだ。しかし、土台となる地面が急斜面だったがために、一帯の表層土が低木林ごと滑り落ちてしまったのだろう。それこそ跡形もなくきれいに流れてしまい、一時的に裸地となったのだ。

そこに少し草が生えてきたところに、前回調査の私たちは遭遇したのだ。そう考えると状況の変化に合点がいく。

１９８２年の調査では山頂近くでシロハラミズナギドリの記録はなかったが、２００７年には山頂部でも普通に見つかった。もしかしたら巣穴を掘れる土壌が中腹になくなったため、分布を山頂まで広げたのではなかろうか。ようやく10年前の分布変化の意味がわかってきた。

いやはや塚本さんのことを疑ってしまってゴメンナサイ。10年越しの大反省である。変化していたのはコルの地形だけではなかったのだ。この島の環境は、私が思っていたよりもはるかに広い範囲で変化をしているのである。

この変化に出会ったのは偶然ではないのだろう。南硫黄島はおそらく常にどこかが崩れ、どこかが再生の途上にあるのだ。それは、この島を登れば必ず遭遇するぐらいの頻度で起きているのである。

誕生から長い時間を経た環境では、人の撹乱さえなければ短期間で急速に変化することはなく安定しているに違いない。

しかし、南硫黄島はまだ若く、地形的に見ても安定とは程遠い。代謝が激しい島なのである。破壊と再生を繰り返す不安定な姿こそ、常にどこかが変化している捉えどころのない姿こそ、南硫黄島の本質なのだ。

いずれはこの島も周囲の崖から順に崩れていき、標高が低くなっていく。それにつれて急峻な斜面はなだらかになり、裾野が広がる。安定した地形となり土砂崩れは減り、環境も円熟していくことだろう。

だが、それはまだ遠い未来の話なのだ。

☜山頂の向こう側

山頂に着く前に昼食をとる。レーションと呼ばれる携帯食を詰め合わせたセットで、これを食べるひと時は山行中の小さな幸せである。

さて、今日のレーションはなんだろうな。石鹸サイズの羊羹、甘い系のカロリーメイト、ドライフルーツ、飴ちゃん……甘いものばっかりじゃん。疲れた時には、しょっぱい系にしてくれよぅ。柿の種と魚肉ソーセージを入れておいてくれよぅ。

今回のレーションはホリコシのチョイスだ。

甘々レーションセット

彼は海岸調査の担当で山に登らないので、登山時の塩分の必要性を感じていないに違いない。そういえば、ホリコシは普段から極度のカロリー重視で、ゼロカロリーのコーラを親の仇のように敵視していた。高カロリー性のみを重視したレーションに、担当者の好みが透けて見える。

これ以上の悲劇を防ぐため、次回の調査隊への申し送り事項としてメモしておこう。しょっぱい系を入れること、と。

申し訳程度に入っていた小さなカルパスをかじりながら歩いていると、長い尾根道が終わりを告げる。ようやく10年ぶりの山頂に到達する。山頂は記憶にあるものと同じくススキに覆われており、あまり環境が変化していないようだ。

山頂の地形は比較的なだらかなので、幕営場所として利用可能だ。平らなスペースを確保するため、ススキを中央部から外側に向けて倒していくと、山頂部はカゴのような形になる。隊員たちは童心に帰り、周囲に折り重なったススキの上にダイブする。この瞬間は、いい歳したおじさんたちの心もアルプスの少女である。山頂というだけでテンションが上がってしまうのは、不思議なものだ。

北には自衛隊基地のある硫黄島が見えている。さらにその向こうには北硫黄島がそびえている。そして、南側には陸地は一切見えない。伊豆諸島から小笠原諸島に連なる島々を伊豆小笠原島弧とよぶ。その島弧の南の端にいることが強く実感される。

「じゃぁ、どこ行きましょっか？」

相変わらず疲れを知らないヨドガワが、エンジン全開で待機している。

「では、北に向かいましょう」

コルでは横方向に調査エリアを広げた。ここでも未踏のエリアを踏査したいところだ。南側から登ってきた私たちは北側を知らない。南半球だけを訪れてコアラに満足して地球を知ったつもりになった火星人のようなものだ。北半球にパンダがいるとも知らずに一生を終えていくとは哀れな火星人である。彼らの二の舞になるわけにはいかない。

ヨドガワを先頭に北方開拓班を形成し、山頂から離れる。

山頂の東側は、サラダボウルを半分に切ったような窪地になっている。おそらくもともとは丸い噴火口だったところが、半分崩れ落ちたのだろう。

振り返って周囲を見ると、最近崩れたらしい新鮮な岩地が露出した崖がある。その崖の上端は、山頂部に到達している。こうやって崩れていき、山頂は低くなっていくのだ。現在は標高９１６ｍあるが、それもいつまで持つかわからないな。そう思いながら崩れた崖

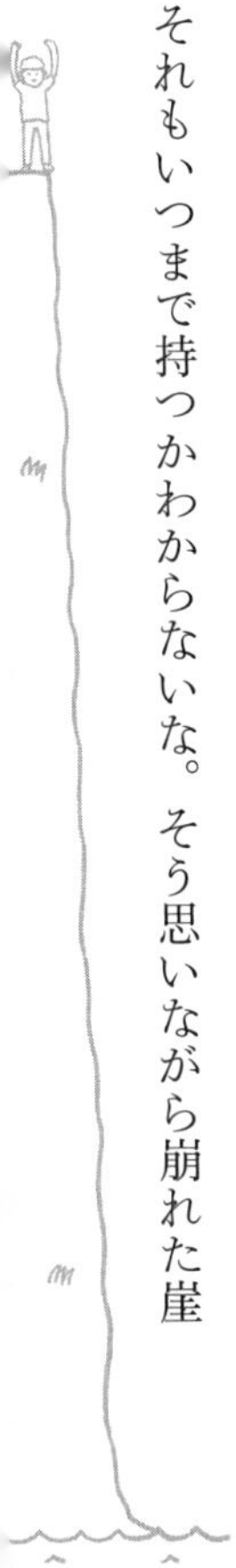

の上端を見直すと、倒れたススキが折り重なっている。

ふむふむ、あのススキはさっき我々がハイジごっこをしていたところではないか。まさかダイブしていたススキの下が崩れたての崖だったとは、観音様も思うまい。くわばらくわばら。

山頂でのハイジは禁止。次回への申し送りにもう一つ追加だな。きっと、こうやって校則って増えていくんだろうな。

☞オーストン・ラプソディ

山頂の周辺には鬱蒼とした雰囲気の木立がある。常緑樹の合間に巨大な木生シダがそびえ立っている。足元には海鳥の巣穴が口を開いている。

そこを抜けて北に向かうと、木立が途切れて再び一面の藪の海へと到達する。イオウノボタンやナンバンカラムシ、ヒサカキなどがぎゅうぎゅうに生え、その合間にはぽつぽつとガクアジサイの水色の花がのぞいている。ところどころには木生シダのマルハチが背を伸ばし、頭頂から長い葉を周囲に向けて伸ばしている。

うーん、飽きてきた。

山頂の木立

目の前に広がるブッシュの大海は、登山中に南側で見た風景とあまり変わらない。北側は南に比べて日射量が少ないし、風当たりも異なる。それゆえに南とは違う植生と環境があるのではないかと期待していた。

標高が低く日当たりが特別に悪いところでは確かにそうなのかもしれない。しかし、どうやら山頂近くの環境はどの方角も似たりよったりのようだ。

少しずつ傾斜が急になり、北の斜面が広く見渡せた。とりあえず見える範囲はコアラばかりで、びっくりドッキリなパンダ的要素は見当たらない。縦走して北側の海岸まで降りる覚悟がないと得るものはなさそうだ。そのことがわかったことを成果とし、今回は引き返すことにしよう。

私たちは今来た道を折り返した。

山頂近くの森林内を歩いていると、足元に真っ黒な小型の海鳥がうずくまる姿が目に留まる。この島の山頂部は世界で唯一のクロウミツバメの繁殖地だ。夜間に飛来したクロウミツバメがそのまま陸上で休息しているようだ。

誰かが間違って踏んじゃうとかわいそうなので、そっと拾い上げてみる。だが、残念ながらその個体はすでに息絶えていた。

そういえば、前回調査の時は随分たくさんの死体を拾ったが、今回はあまり見かけていない。裸地からブッシュに変わり、死体が見つかりにくくなったのかもしれない。

そのクロウミツバメの翼を広げた時、背中にゾゾゾと何かが走り脂汗が合唱を始める。

やべぇ、これクロウミツバメじゃない……。

クロウミツバメとオーストンウミツバメは全身が真っ黒な小型海鳥で、姿がそっくりだ。チップスターとプリングルスぐらいそっくりだ。

ただし、クロウミツバメの翼には初列風切羽の付け根部分に白色の斑点がある。オーストンウミツバメにはその白斑がない。そしてこの死体には、翼の白斑がない。つまりこれはプリングルスの方だ。

脳内でシナプスが電気的な光を撒き散らしながら活性を高める。再び、いろいろな記憶が繋がり始める。確かに前回の捕獲調査で確認できたのはクロウミツバメのみだった。1982年の調査の報告も同様だ。ここがクロウミツバメの繁殖地であることは間違いない。だが、同時にここがオーストンウミツバメの繁殖地であってもおかしくない。オーストンは12月頃から飛来して繁殖を始め、5月に巣立っていく冬の海鳥なのだ。

確か戦前の北硫黄島の海鳥に関する文献では、オーストンが冬に繁殖し、夏には同じ巣穴でクロウミツバメが繁殖すると書いてあった。亜熱帯地域は温帯に比べて季節にメリハリがない。このため、鳥の繁殖も必ずしもカレンダーに忠実ではなく、しばしば時期がずれる。

もしかしたらオーストンはこの島で冬に繁殖し、通常は6月にはいなくなっているのかもしれない。今年は何らかの理由で繁殖期の終了が6月までずれ込んだ可能性がある。

オーストンが偶然ここに1羽いただけなのか、それともこの島で繁殖しているのか、今回の調査中に白黒をつけたいところだ。そうでないと結論は10年間お預けになってしまう。

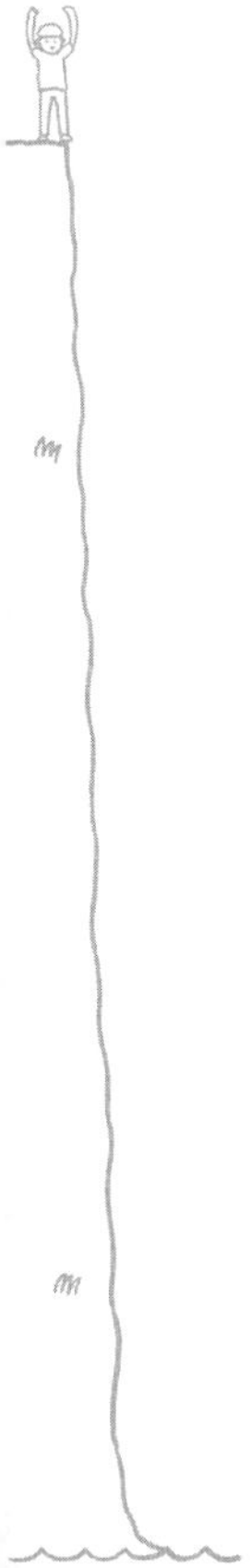

☜いいことと悪いことは同じだけある

　さぁ、夜になった。

　夕食を終えた隊員たちは、銘々にくつろぎ始める。陸産貝類担当のワダはくつろぎすぎてなぜか海パンを履いている。でも、ここは山頂だよ。

　休息に入る男たちを尻目に、ダイロウとともに海鳥調査を始める。今日もまた夜霧の中からぼたぼたと海鳥が落ちてくる。

「カワカミさん、海鳥がトラップに突っ込んできて迷惑なんですけど……」

　昆虫担当のモリが遠慮がちにクレームをつけてくる。念のため、心を込めずに謝罪しておく。なにしろ、こちらはこちらで昆虫に迷惑をかけられているのだから、おあいこである。相変わらずハエの大群が顔の周りにまとわりついてくるのだ。前回も呼吸とともにハエが口の中に入ってきて随分不快な思いをした。

　しかし、今回の私は前回とは違う。ちゃんと対策を考えてきた。口を開けているからハエが入ってくるのだ。閉じてしまえばハエが口から入ることは絶対にない。こんな簡単なことがわからなかったとは、前回の私はなんと若かったことだろう。

　余裕綽々《しゃくしゃく》と口を閉じた私に、新たな衝動が襲いかかる。

ヘーーックシュ！

なんと、鼻呼吸を始めた私の鼻の中に次々にコバエが襲来したのだ！

いや、まぁ、よく考えたら当たり前なんですけどね。

とはいえ、鼻の奥にコバエの大群が入り込む不愉快さは、口の比ではない。このままでは狂い死んでしまう。さりとて鼻まで閉じたらより速やかに死んでしまう。

しょうがない。死ぬよりはマシだ。意を決して口を開き、コバエを体内に招き入れる。

母さん、ごめんなさい。私はこのままハエと一体化し、ハエの能力をそなえたハエマンに変身してしまうかもしれません。その際には正義のために力を使いますので、どうか息子の親不孝をお許しください。

これは、この島で夜間調査をするための儀式のようなものだ。時間を無駄にしたくないので、さっさと心のスイッチをオフにして調査を開始する。

飛来する海鳥を捕獲していると、前回に比べてシロハラミズナギドリの割合が多いことに気づく。これもまた新たな変化だ。

コルから山頂までの間では、ブッシュが一面を覆った結果、巣穴を掘りやすい環境が減ってしまった。このため、このエリアで繁殖していたシロハラミズナギドリが巣場所を求め

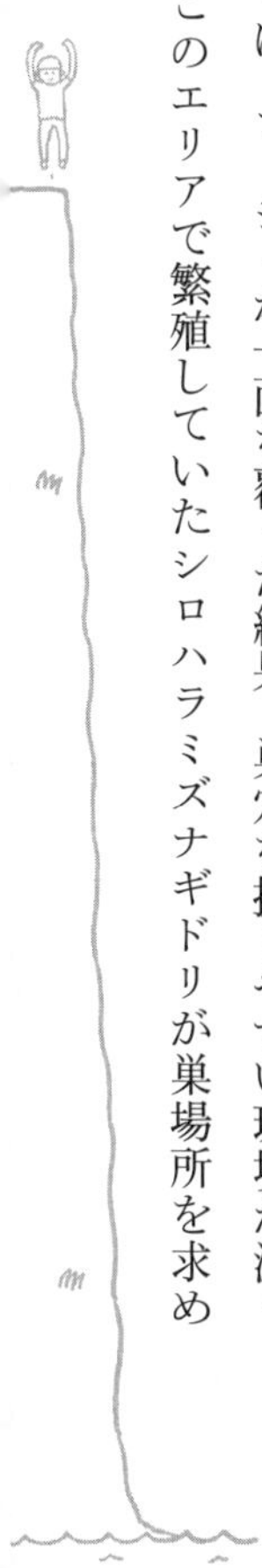

て高標高地まで拡散してきたのかもしれない。

そういえば、クロウミツバメもコルに進出していた。こちらは逆に山頂近くから下方に分布を広げていた。環境の変化が海鳥の標高分布に影響を与えているのだ。

とはいえ、もちろん山頂にはクロウミツバメもたくさん飛来している。翼を伸ばして白斑を確認する。

白斑が、ある、ある、ある、ある、ある……、ない！

クロウミツバメを捕まえていると10羽に1羽程度の割合で白斑のない個体が見つかる。中には、明らかに巣立ち直後と見られる幼羽が残った個体もいる。

やはり、この島ではオーストンウミツバメ

が繁殖していたのだ！

想定していなかった新知見が得られて、大層満足だ。今日はもうこれで十分だな。多くの海鳥を捕獲したため、足環装着に使うプライヤーで指にタコができて痛くなってきた。そろそろ休息にしよう。

そう思っていたところ、足元から私の体をクロウミツバメがよじ登ってきた。彼らがあまりはばたきが得意ではないことは前述の通りだ。このため木によじ登り、そこから飛び降りることで飛翔する。どうやら木と間違えて私に登ってしまったようだ。その個体は肩の上に到達する。

仲良しみたいで、なんだかちょっと嬉しいではないか。

鳥の研究をしていると、何かと鳥に嫌われる。それはそうだろう。何しろ捕まえて押さえつけて羽毛を抜いたり採血したりするのだ。嫌われない方がおかしい。おかげでいつもは糞をしながら逃げていく後ろ姿ばかりを見ている。それなのに、鳥の方から肩に乗ってきてくれるなんて、不覚にも愛情がわいてしまう。

この鳥の英名は、発見者の松平頼孝子爵にちなんでマツダイラズ・ストームペトレルという。親愛を込めて、この個体をマツダさんと呼ぶことにしよう。

横を向くと、至近距離のマツダさんと目が合う。だが、次の瞬間。

おえーーーーーーっ。

うっ、こいつ吐きやがった！

半消化した魚のペーストを肩の上に残し、マツダさんは飛び去った。海鳥の吐き戻しはとてもとてもとても臭い。その異臭は服に染み込み、何度洗濯してもとれない粘り強さを誇る。それが鼻から約15㎝の場所にあるなんて、1年間風呂に入っていないサバのゾンビと相撲を取るような不愉快さだ。

今晩も熟睡できなさそうな気がする。

[22] 下山とメガネとカッポレと

☞カニとレインボー

山頂から見る朝日は美しかった。

海上に浮かぶ雲が灰色から朱色に塗り替えられていく。

私たちは山頂に並び、声もなくその光景を眺めていた。

調査隊の目的はこの島の自然の姿を克明に記録し、背景にある進化の秘密を解明することだ。そのために集った隊員たちは、目的を実現する合理的思考と引き換えに、一切のデリカシーを犠牲にした理系集団である。恋人と一緒に四葉のクローバーを見つけても、これは発生異常だね、などとのたまう朴念仁どもである。

そんな私たちから見ても、その朝空は美しかった。

だからと言って、寝不足が解消されるわけではない。昨晩はツェルトの外側をよじ登ろうと、一晩中クロウミツバメがナイロンシートをひっかいていた。その内側にはちょうど私の足があった。おかげで、薄いシート越しにずっと足の裏をくすぐられていた。

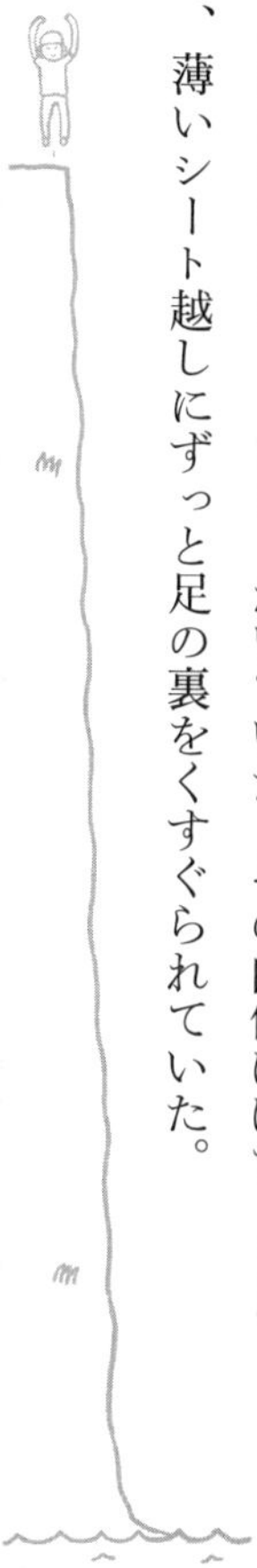

彼らにとっても、ヒラヒラしたナイロンの背後に支えがあると足場にしやすかったのだろう。足の場所をずらしてもずらしても、足裏を探してくすぐってくる。ただし、ナイロンが滑って登れないので同じ場所でくすぐり続ける。

ついでに、時々スベリイワガニが入り込んできて、顔の上を横断していく。無闇に追い払うと、鋭いハサミで挟んでくる。こんな非社交的な態度をとられては、サルでなくとも柿を投げつけたくなる。手元に柿がなくて命拾いしたな。サル側の立場で物語を考え始めて、余計に眠れなくなる。

とはいえ、このカニたちも立派なもんだ。

スベリイワガニは海で産卵する。つまり、山頂にいるカニたちは海岸から登ってきたのだ。そしてまた産卵の季節には海岸まで下りるのである。カニの1歩を1㎝とし、私の1歩を60㎝とする。そうすると、彼らにとっての標高916mは私にとって約55㎞だ。これを1年で往復するとなると、毎週エベレストに登ってもおつりが来る。それだけ登れば、勢い余って私の顔まで登ってしまったとしても致し方ないことである。今日のところは許しておいてやろう。

しかもカニたちはこの山頂で大切な役割を果たしている。それは、海鳥の死体の分解だ。

彼らが死体を食べて細かくし、さらに土壌動物がそれを食べてより細かくし、海鳥は栄養分として土壌に取り込まれていく。海と陸とを渡り歩くカニが、海鳥を介して海と陸を繋いでいるのだ。

カニの神秘について考えている間に、雲の朱色はいつしか大気に溶けて拡散し、見慣れた青空が広がっていた。

私は正気をとり戻し、山頂調査の収束に向けて舵取りする。今日は下山の日なので、やり残したことを早めにやっつけてしまおう。まずは、15分の定点観測で陸鳥の密度調査を行う。10㎡の方形区を設定し、海鳥の巣穴の密度を記録する。これらは10年前と同じメニューだ。そして、山頂のヒサカキに自動録音機を設置して、10年後まで木が倒れませんようにとお祈りする。

これで、このエリアでの仕事は完了だ。

他のグループも、カニを獲ったり、カタツムリを撮ったり、虫を採ったりしながら、徐々に撤収の準備をしている。

山頂を振り返り、下山を開始する。

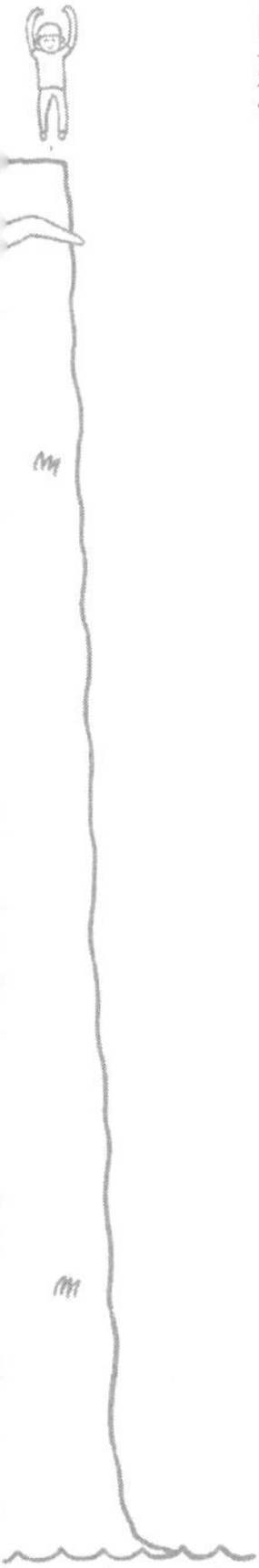

下り坂

☞ヒトノフリミテ

帰りは下り坂である。調査は往路で済ませているので、地球の引力に任せてスタスタと下るだけだ。

ところどころに急斜面で危険なところもあるが、そういう場所にはフィックスロープが設置されている。これにセルフビレイのロープをカラビナでひっかけておけば、万が一足を踏み外しても滑落は免れる。

調子良くひょいひょいと下っていくと、すぐにコルに到着した。コルと山頂の標高差は400mしかない。仮に斜面が45度とすると、道のりはほんの600mだ。そう思うと復路のあっけなさも当然だ。

とはいえこの後はまた海岸まで急斜面を

下っていかなくてはならない。少し体を休めておきたい。

ふと地面に座ると、たまった土の中から人工的な曲線がわずかに姿を現している。そこは斜面が崩れて土砂がたまった場所だ。南硫黄の土の中に、なぜこんな人工物が隠れているのだ？

もしや、これはオーパーツか！　この島には知られざる古代文明があったのだ。コルの地層に眠っていた古代南硫黄帝国の生活の欠片が、土砂崩れを機会に地表面に顔を出したのだ！　そうなるとオーストンウミツバメどころの発見ではない。いささか興奮して土砂を掘ると、なんだか最近埋まったようなメガネが出てきた。

「あ、それ私のだ」

先にコルに到着して休んでいたチバが冷静に言う。

「なんか、さっきその辺に置いたような気がする」

ちっ、古代遺物じゃなかったか。

彼は前回の南硫黄島調査でも北硫黄島調査でもメガネをなくしている。もしかしてメガネを犠牲にすると調査がうまくいくオマジナイだろうか。そうだとすると、邪魔してしまって申し訳ない。

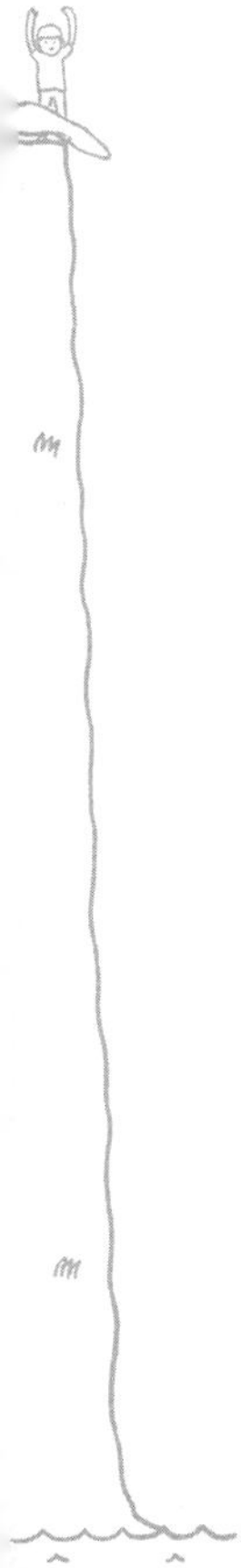

しかし、そうじゃないとすると毎回なくしすぎだな。もう少し気をつけたらいいのに。

「学習機能なんて、ガラケーにでもついてますぜ」

なんて言ってはみたものの、何を隠そう私はチバを尊敬している。チバは小笠原のカタツムリが持つ進化的な価値を世界に知らしめている進化生物学者だ。小笠原諸島が世界自然遺産に登録されたのは、彼の研究があったからこそだ。

彼だけではない。この調査隊の隊員たちは、みなそれぞれの分野で高く評価されている優秀な面々である。

彼らと同じチームで調査ができることはとても幸せなことだ。

私は20年以上にわたり小笠原で鳥の研究を続けてきた。研究を進める上で、他分野の研究者と議論をすることもある。小笠原への定期便は6日に1便しかないため、同じ船に乗り合わせる確率も高くなり、顔を合わせればおしゃべりに花を咲かせる。とはいえ、以前はほどほどの距離感のあるライトな付き合いだった。

そんな彼らとの関係が深まったのは、前回の南硫黄島調査がきっかけだ。

一緒に計画を立て、上陸し、苦しくも楽しい日々を共有したことで、単なる研究者同士というだけではない信頼関係が生まれた。もちろん研究者だけに限らない。調査をサポートしてくれた隊員たちとも強い絆が結ばれた。

今回の調査でも、新メンバーと新たな関係が生まれていく。南硫黄島の調査は、調査成果以上のものを与えてくれる。

チバにメガネを渡しながら、腰につけたハーネスを外す。

あれ？　なんだか装備が軽いぞ？　ない、ＧＰＳがない！　今回の調査の全地点データが入ったＧＰＳがない！

いくら探してもどこにもない。これは困った。滅法困った。

「あ、もしかしてこれですか？」

後続のタカヤマが、降りてくるなり右手に持った機器を差し出す。

「あ、それ僕のだ」

「標高７００ｍぐらいのところのフィックスロープにかかってましたよ」

「そんなことあるまい」

そうは言ったものの、なんとなく情景が目に浮かぶ。

セルフビレイもＧＰＳも、カラビナで腰のハーネスに装着している。私はセルフビレイと間違ってＧＰＳをフィックスロープにかけてしまったのだ。ということは、その間は命綱がなかったということだな。

いやはや、危ない危ない。疲れていないつもりだったが、注意力が落ちているようだ。チバのことを笑っている場合じゃなかった。残り500m、怪我をしないように気を引き締めていこう。

☞崩落地には御用心

その後は海岸まで順調に戻ることができた。

ベースキャンプに戻ると、ハジメがニコニコと出迎えてくれる。海パン、Tシャツ、サンダルに麦わら帽子の観光客スタイルだ。南硫黄島に似つかわしくないことこの上ないが、緊張続きのこの島では、リラックスはできる時にしておくに限る。

降りてきたメンバーは海岸でサンプルの処理をしている。モリとワダは、それぞれ昆虫とカタツムリを生きたまま持ち帰るため優しく梱包している。生きた標本が手に入れば、行動を調べたり飼育したりできる。タカヤマは植物を紙に挟んで押葉標本を作っていく。

若手の隊員たちが作業をするのを見ながら、チバが言う。

「私はこれで南硫黄島は卒業です。もう思い残すことはない。あとはワダに任せた」

昆虫のカルベ、植物のカトウ、爬虫類のホリコシも、10年後には60歳を過ぎている。彼らも今回が最後の南硫黄調査になるだろう。

私は次回の調査の時には54歳、まだなんとかなるような気がする。その時には、将来を託す誰かを連れてこなくてはならない。私にとって次の調査のテーマはこれだな。インスタントのほうじ茶を飲みながら、学会で会う若手研究者たちの顔を思い浮かべていた。誰か、来てくれるかな。

「そういえば夜間調査してたら、崩落地の岩の間でセグロミズナギドリがすっげー鳴いてたよ」

ハジメが言った。彼は行動追跡用の発信機をつけるため、夜間にオオコウモリの捕獲調査をしていた。セグロミズナギドリは前回調査で初めてこの島で確認された鳥だ。今回も山頂やコルで見つかったが、個体数は少なかった。

「ほら、登攀ルートの途中って、前回はあんまり気にしてなかったじゃない。でも、今回オオコウモリ調査で標高300mぐらいにいたら、日没後にそこら中の岩の下からセグロの大合唱が始まってさ」

まじか！　これは盲点だった。

この島が最初に見つかったのが山頂だったので、てっきり山頂が彼らの生息地だと思っていた。崩落地は不安定な環境なので、そんな場所に棲んでいる鳥がいるとは思ってもいなかったというのも正直なところだ。ハジメがそう言うなら間違いない。

ミズナギドリは地面に穴を掘ってその中で営巣する。しかし、それだけではなく岩の隙間で営巣することもある。たとえ崩落地でも、年から年中岩がコロコロ転がり続けているわけではない。うまく途中にひっかかった岩は、それなりに安定しているのかもしれない。その隙間であれば、確かに営巣できそうだ。

私たちが登った場所だけではなく、島の斜面ではあちこちで崩落が起きている。崩落地にはゆっくりと植物が生え、いずれ草地になり、低木が伸び、森林になる。場合によっては植生が回復する前に再崩落する。

それぞれの崩落地は、一時的にしか存在しない環境かもしれないが、島全体で考えると常に一定の面積があるはずだ。セグロミズナギドリはそんな一時的な環境を利用して、ノマド的に移動しながら世代を重ねているのかもしれない。

今回の調査に来る前は、この島の状況は前回と似たようなもので、新たな発見はあまりないだろうと思っていた。しかし、コルは崩れて地形が変わり、山頂までの道のりは草地からブッシュに変化していた。山頂では新たにオーストンウミツバメが見つかり、崩落地ではセグロミズナギドリの生息地が見つかった。

前回と同じ登攀ルート沿いですら、私はまだほんの一部しか理解していなかったのだ。

「勝つと思うな、思えば負けよ」

アントニオ猪木さんの名言が頭をかすめる。

私たちとすれ違う形で、二次隊が山頂に登っていく。彼らもまた新たな知見を持ち帰ってくることだろう。

海岸でひと休みした私たちは、ウェットスーツに着替えて海に出る。ひんやりとした海水で頭も体もさっぱりとする。荷物の防水バッグは水に浮くので負担にはならない。船に戻れば、冷房の効いた船室と温かいお風呂、そしてできたての晩ごはんが待っている。今日の晩ごはんはなんだろな。

しんどい調査が終わった後の快適船上生活の喜びはまた一入《ひとしお》である。甲板で真水を浴びてさっぱりしていると、船上で待機していた隊員が出迎えてくれる。その中に司厨長の姿を見つけたので声をかける。

「そういえば、ステーキは全員分はないって言ってましたよね！　今日は二次隊が山に登っ

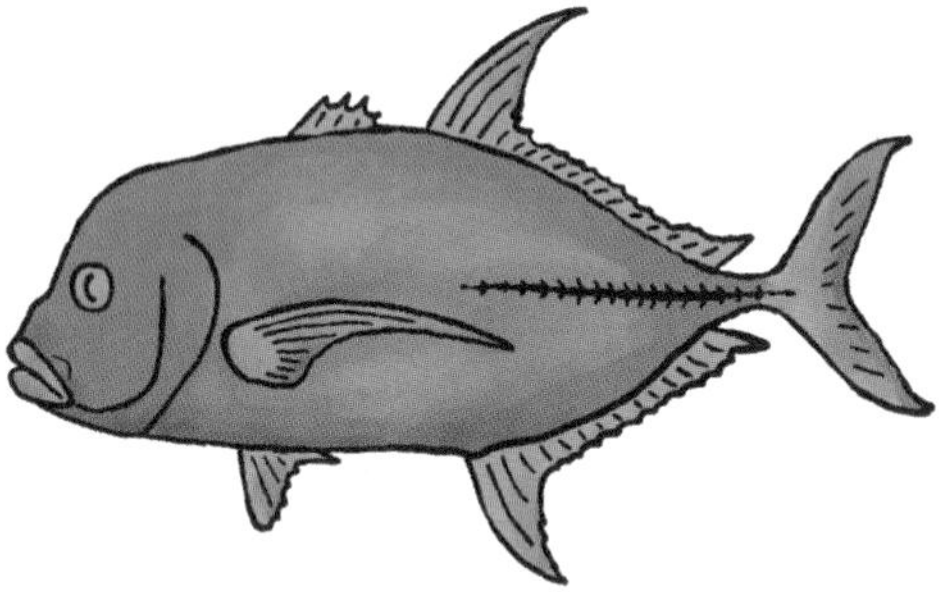

ていて人数が少ないっすよ。そろそろじゃないですか！」

卑怯者とでも罵るが良い。私はステーキが食べたいのだ。調査で疲れた今こそ、最高のタイミングである。

「あ、もう昨日焼いちゃったよ。人数が少なかったからね」

えっ、まじですか？　神様は心の汚い人が嫌いなんですか？

なお、その日の晩ごはんはうどんスキとカッポレのお刺身でした。それはそれで、大変おいしゅうございました。

［23］ミッション・ポッシブル

☞大ドローン時代

今回の調査のもう一つの重要ミッションは、ドローンによる空中撮影だ。近年の技術の発展により、小型無人航空機による空中撮影が手軽に行えるようになってきた。これは、前回の調査時にはまだ手の届かなかった技術だ。

調査隊には記録班としてNHKのメンバーが参画している。十年に一度しかない貴重な機会に客観的な記録を残すためには、撮影を専門とした記録班が不可欠である。調査にはディレクターのヤマザキを筆頭に、カメラマンのサイトウとオオタニ、そしてドローンパイロットのノグチとコミヤが参加している。

なお、研究者は調査を始めると自分たちの研究対象のことで頭がいっぱいになってしまう。このため、調査対象以外の写真をびっくりするほど撮り忘れる。調査風景の写真が一枚もないのはいつものことだ。周辺の環境についてもお粗末な記録しか残っておらず、講演会の準備をする段になりようやく後悔するという体たらくだ。

学術的な記録だけではない。一般への普及啓発も記録班のミッションだ。南硫黄島の調査は、主に公的な資金により実施されている。要するに税金が元手となっており、その意味で一般の国民がスポンサーと言える。このため、調査成果は一般に還元されるべきであり、広く知らしめることは資金提供に対する領収書なのである。

多くの人がこの島を調査することの意味を共有し、さらなる応援をしてくれれば、将来的な調査が継続しやすくなるという側面もある。なにより、この島の自然を一緒に楽しんでくれる人が増えることは、調査隊としての喜びだ。

私たちが上陸調査をしていると、ノグチとコミヤが操縦するドローンが海の向こうからやってきて、空の上から調査風景を撮影し始める。上空にドローンの存在を感じると、調査隊の中に緊張が走る。

「このシーンが番組で使われるかもしれないぞ」

「田舎のばあちゃん、見てくれるかなぁ」

疲れていたはずの隊員たちの心にほどほどに邪心が生まれ、にわかにキビキビと動き始める。さっきまでこっそり木陰でサボっていた私も、上空から見えやすい開放地での調査を始めてみる。

撮影なんか調査には関係ないぜという雰囲気を出しながら、精一杯カメラの位置を意識する。

「よし、カメラがいる間に何か新発見でもしてみるか」

調査隊員は聖人君子ではない。テレビに映りたいと思って何が悪い！

おかげさまで、いつもよりも多めに頑張れた。記録班の存在は、おそらく調査成果の向上にも貢献している。ただし、邪心満々でわざとらしい動きをしていると、たいがい番組には使ってもらえない。

ちっ、バレバレか。

☞ 空を自由に飛びたいな

ノグチとコミヤはまずドローンで島の全体像を撮影していた。撮影された画像は、すぐにパソコンに取り込む。かけがえのない資料なので、安全のためすぐにバックアップを取る。取り込まれた写真は専用ソフトで手早く合成され、パソコンの中に3Dモデル化された三次元南硫黄島が浮かび上がる。画面に生まれたバーチャル南硫黄を回転させながら、次なる撮影のプランを練る。私たち研究者が撮影ポイントをリクエストし、彼らに撮影してもらう手筈だ。

「この標高で植生がわかるような距離で島を一周撮影してください」

「ここの崖のとこ、土が露出してますね。ミズナギドリの巣がありそうなので、寄って撮ってもらえますか？」

「次回の調査では別ルートで登りたいです。この北西の谷がいいですね。ここを下から上まで舐めでお願いします」

私たちが直接アプローチできないような場所も、ドローンなら近寄れる。調査隊にとってこれは大きな利益だ。

「コルまで水を運んでもらえないっすかねー」

「できたてのラーメン届けてください。のびる前に」

「空を自由に飛びたいな。はい、ドローン！」

エスカレートする要望は手際良くスルーされ、現実的な撮影プランが立てられていく。

二人のパイロットはリクエストに応じて期待以上の映像を撮ってくれる。

正直なところ、上陸せずに遠隔で撮影をするのは、ラクチンな作業だろうと思っていた。

しかし、彼らの仕事を目の当たりにし、それは私の思い込みだと痛感した。ナメていてごめんなさい。

亜熱帯地域の日差しを浴びたの甲板は、あたかもレバニラ炒めを作る灼熱のフライパンのごとしだ。操縦に使うタブレットは暑くなると熱暴走を起こす。このため、日陰に入れたり扇風機で冷やしたりしながら作業を続けなくてはならない。人間よりも機械を冷やすことが優先される。

研究者はもっと寄って撮影してくれと無茶な要望をする。対象物に近寄りすぎれば、衝突の危険性は高まる。崖に近づけば乱気流に巻き込まれて安定性が下がる。なにより、狭い甲板からのフライトだ。平らで開けたヘリポートから飛ばすのとは違い、船上は多くの装備やロープなどで障害物まみれだ。離陸や着陸には、並々ならぬ緊張感がともなう。

しかも船は海上の一点にとどまっているわけではなく、風や波に流される。操縦中に船の方向が変わることもある。そうなると、船の上の機材がドローンと自分との間に障害物として立ち塞がることもある。安全な飛行と得られる成果の隙間をぬって、最適なコースをドローンが飛んでいく。

美麗な映像の背景には、相応の苦労があるのだ。

☞船上講習会

今回の船上調査では、私にも野望があった。私自身もドローンで鳥を撮影するのだ。

もちろん二人のパイロットに任せておけば、良い映像をふんだんに撮ることができる。しかし、やはり自分で遠慮なく要所を撮影できれば、それに越したことはない。

それまで私は、陸上からドローンを飛ばしたことはあったが、船上で運用したことはなかった。船での操作にはそれなりのコツがいるはずだ。いきなりやるにはリスクが高い。だが、ここにはプロのパイロットが二人もいる。調査にドローンを導入してから日の浅い私にとって、彼らの薫陶を受けることは何にも代えがたい経験となる。

撮影でお疲れの合間に申し訳ないが、何卒ご指導よろしくお願いします。

「服は柄のない黒がいいですよ。明るい色や柄物は操縦用のタブレットに服が映り込むので、見づらくなりますからね」

まずい、私の服は赤を基調とした柄物ばかりだ。最初から大失敗である。

「船の上でキャリブレーションすると、機体が船酔いするので、早めに飛ばして空中で安定させるといいですよ」

船は地面とは違い常に揺れている。そこで調整すると揺れた状態を通常状態と誤認し、飛行時に安定しづらくなるそうだ。

「操縦中にコントロールが途切れた時は、コントローラーを高いとこに持ち上げてレバーをガチャガチャしてたらなんとかなったりします」

なんとかならない時もあったりするってことだな。剣呑、剣呑。

いずれにせよ、実践的なノウハウを授けていただきありがとうございます。なんだか飛ばせそうな気がしてきた。

☞ 天翔ける韋駄天

私が狙っていたのは、アカアシカツオドリの集団だ。

アカアシカツオドリは沖縄と小笠原でそれぞれ1回ずつの営巣記録があるものの、国内では他に繁殖に関する記録がない。

前回の調査ではこの鳥が数十羽の群れとなって木の上にとまっている姿が見られた。まとまった数の鳥がいると、ついつい夢を見てしまう。もしかしたら、そこで繁殖しているんじゃないのか？　その足下には巣があるんじゃないのか？

しかし、彼らがとまっていたのは200m以上の高さの崖の上だった。さすがに登るのは難しい。

いや、彼らはただ休息をしているだけかもしれない。

火山列島から南東に６００kmほど下れば北マリアナ諸島があり、そこではアカアシカツオドリが繁殖している。海鳥は1日に数百kmを軽々と飛ぶ高い移動能力を持つので、繁殖を終えた彼らが渡ってきて休んでいてもおかしくない。そう考えて、確かめたい気持ちをぐっと飲み込んだのだ。

だが、今回はドローンがある。ついに彼らの正体を暴く時が来た。

私が持参した機体はＤＪＩ社のファントムだ。4枚のプロペラで飛ぶ小型のもので、よく研究に利用される機種である。プロの機材に比べると航続時間は短く、映像の解像度も低い。それでも15分程度は安全に飛べる。確かめるには十分だ。

甲板から垂直に離陸させ、障害物にぶつからない高さまで上昇させる。続いて船の外側に移動させ、空中で安定させる。機体の動きが正常であることを確認し、いよいよ陸に向けて飛ばす。その後ろ姿はさながら韋駄天の如し。

海岸に到達すると、崖から少し離れた斜面に沿って高度をあげる。そこから水平に移動して崖の上に到達する。手元のタブレットにはファントムから送られてきた画像が映っている。明るい緑色の森林を背景に、アカアシカツオドリの白い体が点々と浮かび上がる。

よし、ここだ。

急に近づくと鳥たちは驚いて逃げてしまう。それはお互いにとっての不幸だ。彼らがファントムに慣れるまで、少し待つ。

もう大丈夫だろう。

少し高めの位置から彼らの上空に近づき、ゆっくりと下降する。鳥たちは飛び立つことなく枝の上で休息している。徐々に木々の姿が鮮明となり、樹種がわかってくる。センダンやアカテツの木だ。そして、その横枝の上に枯れ枝が丸く編まれて積み重なっているのが見える。

巣だ！　やった！　ここで繁殖していたのだ！

正直なところ自分でも、あればいいな、ぐらいに思っていた。そのアカアシカツオドリの巣が本当にあったのだ！

海岸で繁殖するカツオドリは地上に巣を作る。しかし、アカアシカツオドリは樹上営巣性だ。彼らにとっては、何もない海岸より樹木の多い崖の上の方が適地なのである。

巣は８ヶ所見つかった。そして、そのうち４ヶ所には親鳥が座っている。私の機材でで

アカアシカツオドリの営巣発見

きるのはここまでだ。この先はプロに任せよう。

ノグチに頼んで撮影をしてもらう。鳥を警戒させないよう少し距離を置いた位置にドローンを停止させ、ズームで撮影する。巣の上で親鳥がモゾモゾと動いた時に、お腹の下に卵があるのが見えた。

よし、ミッション成功だ！

こうして、日本で初めてアカアシカツオドリの集団繁殖地を見つけることができた。1982年の調査ではこの鳥は記録されていないので、近年になり分布を拡大しているのだろう。ちなみにこの2年後には北硫黄島でやはりドローンによる調査を行い、100巣を超えるコロニーを見つけられた。

ドローン、便利だわー。

[24] 僕らが島に来る理由

不思議なことだが、無人島に来るとファーストフードが食べたくなる。

別に日常的に食べつけているわけではない。むしろ、普段はほとんど食べることはない。にもかかわらず、無人島に来るといつも食べたくなる。今回もマクドナルドのチーズバーガーが食べたくてしょうがない。

だからといって、帰ったら食べるかというとそうではない。帰ると衝動は雲散霧消してしまう。結局食べずに済まし、次の調査に出かけた時にまた食べたくなるのだ。きっと心理学の世界では、マクド症候群とか名前がついているに違いない。

そんな気持ちが湧き出てくると、調査はもうそろそろ終盤である。隊員たちはみな満足そうに、ただし少し物足りなさそうに、船上から南硫黄島を眺めている。

「お疲れ様でしたー」

「いい調査でしたね」

互いにねぎらいつつ、調査の終わりを確認し合う。調査は終わったが、研究はまだこれからだ。持ち帰った記録やサンプルを整理し、分析する仕事がある。

とはいえ、これでひと区切りである。今後、みんなの成果が発表されるのが楽しみだ。

いよいよ南硫黄島から離れる日が来た。見飽きるほど見た南硫黄島の周囲を、もう一度船で一周する。

「次はどこから登りましょうかね」

「やっぱり行ってないルートでしょう。北側がいいですね」

「でも、あそこは最初の崖が20mぐらいありますよ」

次は10年後だ。その時はいったいどんなメンバーがここに来ているのだろう。

船は北に進路を取り、南硫黄島がだんだんと水平線に沈んでいく。ピタゴラスに言われずとも、この光景を見ればこの星が球体だと理解できる。

南硫黄島が見えなくなるまで甲板で黄昏れていようかと思っていたが、なかなか消えてなくならないので、途中で船内に引き上げる。標高916mは伊達じゃないな。

さて、これから船内で南硫黄島秘蔵動画の上映会だ。私たちが上陸調査をしている間に、ノグチとコミヤは膨大な映像を撮影した。その中から、とっておきの動画を編集しておいてくれたのだ。ミーティングルームに置かれた大きな4Kディスプレイの中に、空から見た南硫黄島の姿が浮かび上がる。美麗な動画に隊員たちの嘆息が重なる。

海岸やアカパラなど私たちが歩いた場所も、上空から俯瞰《ふかん》すると全く違った雰囲気に見える。海岸部から登攀ルートに沿って上から下に映像が流れていく。時間をかけて苦労しながら登ったコルまでの道のりがわずか数分でクリアされて、ちょっと腹が立つ。

登攀ルートの横にはゴジラの背ビレのような岩脈が連なっている。背ビレの上の狭いスペースではカツオドリが営巣している。ルート沿いを歩いているだけでは見つけられない光景だ。

コルに到達したドローンは、山頂までの細いルートを登る調査隊員の姿を映し出す。カメラはさらに高度を増し、視野が広がっていく。点のような人間、尾根沿いに細く刻まれた踏み分け道、その道の両側に広がる茫漠《ぼうばく》たる緑。

「私たちが見ていたのは、この細いルートの上だけだったんですね」

誰かがそう言った。

南硫黄島は3・5㎢しかない小さな島だ。しかし、我々が実際に見知った範囲はその小さな島のさらにごくごく一部でしかなかったのだ。実際に現地で汗を流してきたからこそ、空からの映像を見てその範囲の狭さが強く実感された。

画面の中には私たちがアプローチできないさまざまな場所が映し出される。崖の壁面にへばりついているナハカノコソウ、崖の上の木生シダ群落、まだ新鮮な土煙の立つ崩落地。

「ここにブロッコリーみたいな植物が生えていたので、撮ってみました」

ノグチが言った。

「これはモクビャクコウですね。場所はどこですか？」

「島の北側の崖の上です」

ん？？？　おい、おい、おい、ブロッコリー見てる場合じゃないだろ！　今その後ろから、鳥が飛んだよね！

「ちょっと今の映像、戻して下さい。クロアジサシがいましたよ！」

ノグチが映像を戻して静止してくれる。

確かに、モクビャクコウの背後からクロアジサシが飛び出した。

1ヶ所じゃない。よく見ると、あちこちのモクビャクコウの影にクロアジサシが隠れている。クロアジサシは全身が黒色で目立たない。植物の影にいると目につきにくいのだ。

この島ではまだこの鳥の繁殖は記録されていない。しかし、この様子だとここで営巣していることは間違いなさそうだ。急傾斜で不安定な場所なので、植物の背後の安定した場所に営巣しているのだろう。

残念ながら、正面からの映像では巣が見えない。

「真上から撮り下ろした映像とかないですか？」

「いやぁ、ないですねぇ」

そういえば、10年前の調査でハヤトが島の北部に行った時、海岸で休むクロアジサシの集団を見つけていた。この崖はその海岸のすぐ近くだ。

今回の調査でオーストンウミツバメとアカアシカツオドリを確認したことで、この島で繁殖する鳥はさすがに網羅できたと高を括っていた。鳥は他の動物に比べて目立つ。体は大きく、空を飛ぶため遠くからでも発見しやすい。まさか未発見の鳥がまだいたとは汗顔の至りである。

巣を確認したいが、もう遅い。確認できるのは10年後だ。

この島を知れば知るほどわかってきた。

私は、この島のことをまだまだわかっていないのだ。

あとがき

南硫黄島は小笠原諸島の自然を研究する者にとって憧れの一つである。すでに本文で述べた通り、この島には類稀《たぐいまれ》な自然があるからだ。

その魅力を多くの人に知ってもらうことは、調査隊の使命だった。ぜひ本にして出版したいねぇという話は、調査隊の中でも何度も出た。だが、なかなか実現されなかった。だって、本を一冊書くのって結構大変なんですもの。

やるべきことを全てできればもちろん理想的だ。そんなことはわかっている。だが研究者は言い訳上手なので、自由自在に言い逃れして書籍化を先延ばしにしていた。

そんな状況を打破したのは、一人の少女だった。

南硫黄島に関する講演会が終わった後、彼女はこう言った。

「この島の本があったら、読みたいです」

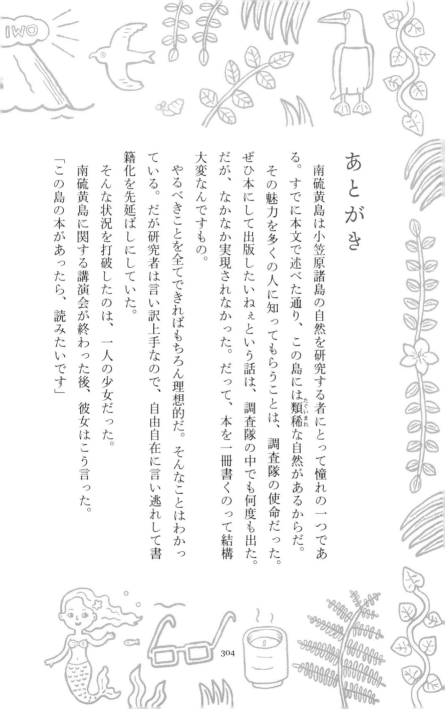

ごめん、ない！

僕がさぼっていたから、ない！

そこから猛反省して執筆の準備を開始した。執筆を開始したのではなく、準備を開始したあたりが、相変わらずダメな感じがするが、なにしろ始動することができたのである。

名前も知らないが、この本はあの時の少女に捧げたい。そして、ここにお礼を申し上げたい。

きっかけをつくってくれて、ありがとう。

とはいえ、これはあくまでも鳥類学者としての私にとっての南硫黄の物語である。植物学者にも昆虫学者にも陸産貝類学者にも、それぞれの南硫黄があり、それぞれの物語がある。いずれそれも誰かの筆によって語られることだろう。

本書を読むと、なんだかんだ言っても平穏無事に調査ができたよう

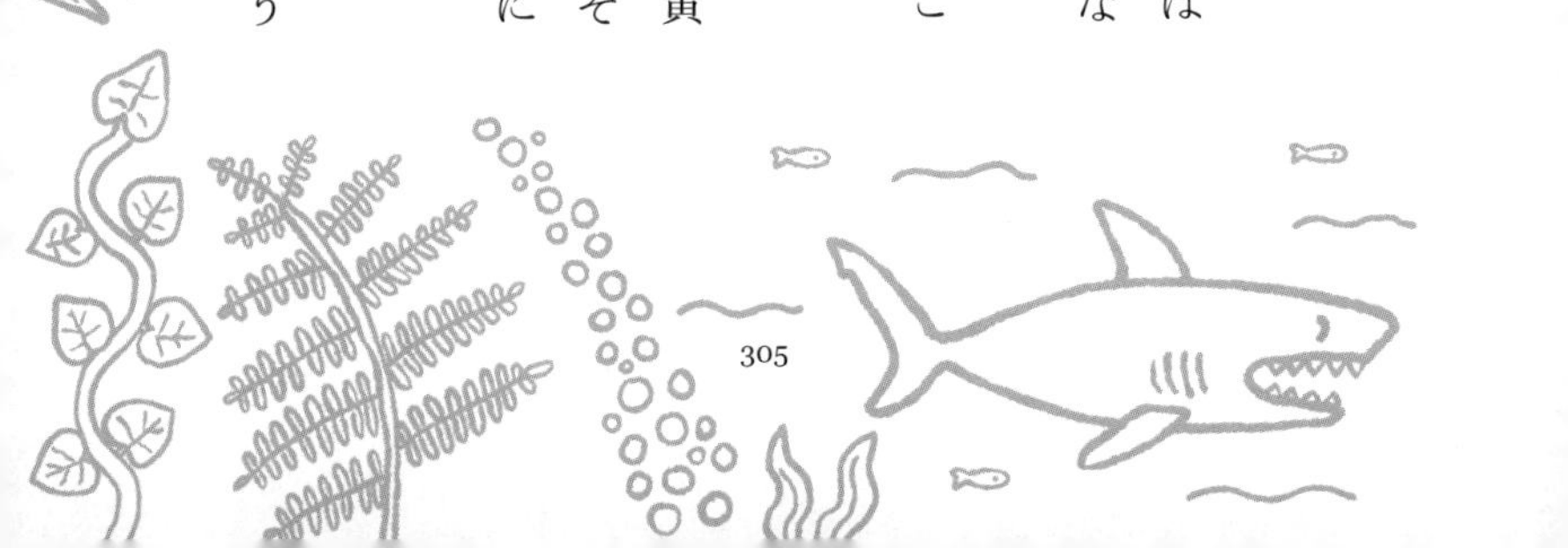

に見えるだろう。実際、結果的にはその通りだった。だが、これは大きな幸運に恵まれていただけだ。

２０１７年の南硫黄島調査の翌年には、東京都による北硫黄島の自然環境調査が再び計画されていた。６月に調査を実施するため綿密な準備が進められ、調査隊員は物資をそろえて父島で待機していた。しかし、この時は低気圧が次々に生まれ海況はなかなか安定しなかった。このため、６月のアタックを諦めることとなった。

１ヶ月の待機を経て、改めて７月に調査を行う計画が立て直された。だが低気圧の発生は止まらず、このシーズンの渡航は断念することとなった。その後、10月になってようやく海洋調査とドローンによる遠隔撮影だけが実施された。

上陸調査ができたのは、一年延期後の２０１９年６月だった。

小笠原ではこういうことは珍しくない。調査に行っても、待機している間に出張期間が終了してしまうことがままある。無人島における野外調査というものは、そういうものなのだ。そんな中で2回の南硫黄島調査がほぼ予定通り完遂できたわけだから、人造茶柱も馬鹿にはできない。

２０１７年の調査の後も、南硫黄島で得られた試料の分析は続いている。

２０１８年には、この島で採集したセグロミズナギドリのサンプルを使ってＤＮＡ分析を行った。この鳥は世界に広く分布する種の地域的な集団だと考えられていたが、分析の結果からはセグロミズナギドリとは全く別の系統の独立種だということがわかった。この鳥は小笠原諸島の固有種だったのだ。この分析は北海道大学の江田真毅さんらの手によるものだ。

２０２０年には同様にオガサワラカワラヒワの分析結果が出た。こちらは東アジアに広く分布するカワラヒワの亜種とされていたが、実は100万年以上前に別の系統に分かれており、やはり小笠原の固有種だと認められるようになった。これは山階鳥類研究所の齋藤武馬さんらによる分析結果だ。

これらの結果を受けて、日本鳥学会では近い将来この2種の和名をそれぞれオガサワラミズナギドリとオガサワラカワラヒワに変更することを予定している。本書では、調査当時の臨場感を大切にするため従来の和名を用いていることをご容赦願いたい。

また、2023年の2月にはアナドリに関する論文が発表された。この鳥も太平洋、大西洋、インド洋に広く分布する広域分布種だ。DNA分析の結果では、ハワイと大西洋の集団は系統的に近いが、小笠原とハワイの集団は隣り合っているにもかかわらず系統が遠いことがわかった。前者では間にアメリカ大陸を挟んでいるにもかかわらずだ。要するに、日本のアナドリは別種とするほどではないものの、やはり固有性の高い集団だということがわかったのだ。これはリスボン大学のモニカ・シルバさんらによる論文だ。

南硫黄に棲む鳥の秘密を解き明かすため、多くの研究者が力を尽くしてくれている。彼らにはここで改めて感謝の意を表したい。もちろん鳥以外の分野についても、多くの成果が出ている。これらを紹介できないのはとても残念だが、紙数と筆力の限界をご容赦いただきたい。

そして、いま現在も南硫黄で採集したサンプルを利用した別の論文が執筆されているところだ。この成果もまたどこかでお目にかけたいと思っているので、期待していてほしい。

南硫黄島の生物たちは貴重で、魅力的で、謎めいていて、それゆえにこれからも研究が終わることはない。その成果の一端をこうしてみなさんと分かち合えたことは、研究者冥利に尽きる。

本書の出版にあたっては、東京書籍の角田晶子さん、デザイナーの平松るいさん、イラストレーターの倉本トルルさんにとてもとてもお世話になった。そして、出版の背景には私が直接お会いすることのなかったさらに多くの方がいるはずだ。ここにお礼を申し上げたい。

そしてなにより、南北硫黄島自然環境調査に参加した調査隊のみんなと、これを後方からバックアップしてくれた仲間たちの奮闘なくしては、調査の成功も本書の実現もあり得なかった。また、このチャレンジングな調査に参加できたのは、家族の理解とサポートのおかげだ。彼らには心よりの敬意を表したい。

みなさん、どうもありがとうございました。

2023年初夏　川上和人

川上 和人 かわかみ・かずと

1973年生まれ。東京大学農学部林学科卒、同大学院農学生命科学研究科中退。農学博士。森林総合研究所鳥獣生態研究室長。南硫黄島や西之島など小笠原の無人島を舞台に鳥を研究。著書に、『鳥類学者だからって、鳥が好きだと思うなよ。』、『そもそも島に進化あり』（ともに新潮文庫）、『鳥肉以上、鳥学未満。』（岩波書店）など。

無人島《むじんとう》、研究《けんきゅう》と冒険《ぼうけん》、半分半分《はんぶんはんぶん》。

2023年9月10日　第1刷発行
2023年10月27日　第2刷発行

著　　者：川上《かわかみ》 和人《かずと》

装丁・組版：平松るい
装　　画：倉本トルル
編　　集：角田晶子
印刷・製本：図書印刷株式会社

発行者：渡辺能理夫
発行所：東京書籍株式会社
〒114-8524 東京都北区堀船 2-17-1
電　話：03-5390-7531（営業）
03-5390-7506（編集）
https://www.tokyo-shoseki.co.jp

ISBN978-4-487-81714-6　C0045　NDC488